곱셈·나눗셈의 발견

최수일
개념연결 수학교육연구소
지음

VIA에드
ViaEducation

곱셈·나눗셈의 발견

지은이 | 최수일, 개념연결 수학교육연구소

초판 1쇄 발행일 2022년 9월 26일
초판 2쇄 발행일 2024년 1월 19일

발행인 | 한상준
편집 | 김민정·강탁준·손지원·최정휴·허영범
삽화 | 홍카툰
디자인 | 조경규·김경희·이우현
마케팅 | 이상민·주영상
관리 | 양은진

발행처 | 비아에듀(ViaEdu Publisher)
출판등록 | 제313-2007-218호(2007년 11월 2일)
주소 | 서울시 마포구 월드컵북로 6길 97(연남동 567-40) 2층
전화 | 02-334-6123 전자우편 | crm@viabook.kr
홈페이지 | viabook.kr

곱셈과 나눗셈은 세로로 빨리 하는 것이 최고 아닌가요?

맞습니다! 곱셈과 나눗셈을 가장 빨리 계산하는 방법은 세로로 하는 것이지요. 그런데 세로 셈은 할 줄 알아도 부분적으로 곱해서 더하는 방법으로는 계산하지 못하는 학생이 많지요. 또 곱셈과 나눗셈은 답만 내면 된다고 생각하는 학생도 많습니다. 하지만 여러 가지 방법, 즉 가로로 계산하는 방법 등도 알아야 한답니다. 올림이나 내림을 할 때 실수가 많이 일어나는데 계산하기 전에 미리 어림을 하고, 나중에 계산한 결과와 비교해 보면 실수를 미리 알아차릴 수 있답니다. 세로셈으로 계산한 결과만 믿지 말고 가로셈으로도 계산해 보면 확신할 수 있지요.

개념을 연결한다고요?

모든 수학 개념은 연결되어 있답니다. 그래서 곱셈과 나눗셈이 이전의 어떤 개념과 연결되는지를 알면 곱셈과 나눗셈의 거의 모든 것을 아는 것과 다름없습니다. 곱셈은 똑같은 수를 여러 번 덧셈하는 과정과 같습니다. 나눗셈은 똑같은 수를 여러 번 뺄셈하는 과정과 같습니다. 이와 같이 덧셈과 뺄셈 과정을 정확히 알면 거기에 곱셈과 나눗셈을 연결할 수 있습니다. 곱셈과 나눗셈의 기초는 곱셈구구입니다. 구구단은 곱셈뿐만 아니라 나눗셈에서도 계속 사용되므로 단순 암기를 넘어서서 정확하게 이해할 필요가 있습니다. 이 책은 2~4학년의 곱셈과 나눗셈을 통합적으로 볼 수 있는 안목을 길러 줄 것입니다. 개념이 연결되면 학년 구분 없이 다른 학년 수학까지 도전해 볼 수 있습니다.

설명해 보세요

수학을 이해했다는 증거는 간단히 찾을 수 있습니다. 다른 사람에게 설명해 보면 알 수 있지요. 술술~ 설명할 수 있으면 이해한 것입니다. 매 주제마다 나오는 설명하기 코너를 활용해 보세요. 연산 문제를 모두 해결했더라도 '설명해 보세요'에서 요구하는 설명을 하지 못하면 아직 이해한 것이 아닙니다. 해당 주제에서 배운 대표적인 내용을 다양한 방법으로 설명해 보기 바랍니다.

2022년 9월

최수일

곱셈·나눗셈의 발견 구성과 특징

개념의 뜻 이해하기

수학 개념의 핵심은 뜻과 성질입니다. 그리고 개념 사이의 연결입니다.
'30초 개념'을 통해 개념의 뜻과 성질을 정확하게 이해해야 합니다.
그리고 이전에 학습한 내용을 기억하며
개념을 연결하는 습관을 길러 봅시다.

기억해 볼까요?
이전에 학습한 내용을
다시 확인해 볼 수 있어요.
지금 배울 단계와
어떻게 연결되는지 생각하면서
문제를 해결해 보세요.

01 몇의 몇 배

2-1-6
곱셈
(묶어 세기)

2-1-6
곱셈
(몇의 몇 배)

2-1-6
곱셈
(곱셈식)

기억해 볼까요?

□ 안에 알맞은 수를 써넣으세요.

❶
0 1 □ 3 □ 5 □ 7 □ 9 10

❷
2씩 □ 묶음은 □ 개

개념연결
현재 학습하는 개념이
앞뒤로 어떻게
연결되는지 알 수 있어요.
자기주도적으로
복습 혹은 예습을
할 수 있게 도와줘요.

30초 개념

뛰어 세기로 묶음의 수를 세어 몇의 몇 배로 나타낼 수 있어요.

◎ 12는 3의 몇 배인지 묶음으로 알아보기

3   6   9   12

3 ➡ 3씩 1묶음 ➡ 3의 1배		
6 ➡ 3씩 2묶음 ➡ 3의 2배		
9 ➡ 3씩 3묶음 ➡ 3의 3배		
12 ➡ 3씩 4묶음 ➡ 3의 4배		

12는 3씩 4묶음이므로 3의 4배입니다.

◎ 12는 3의 몇 배인지 뛰어 세기로 알아보기

0 1 2 3 4 5 6 7 8 9 10 11 12

3씩 4번 뛰어 세면 12이므로 12는 3의 4배입니다.

30초 개념
교과서에 나와 있는 핵심 개념을
정리해서 보여 줍니다.
짧은 시간에 개념을 이해하는 데
도움이 돼요.

30초 개념에서 이해한 개념은 꾸준한 연습을 통해 내 것으로 익히는 것이 중요합니다.
필수 연습문제로 기본 개념을 튼튼하게 만들 수 있어요.

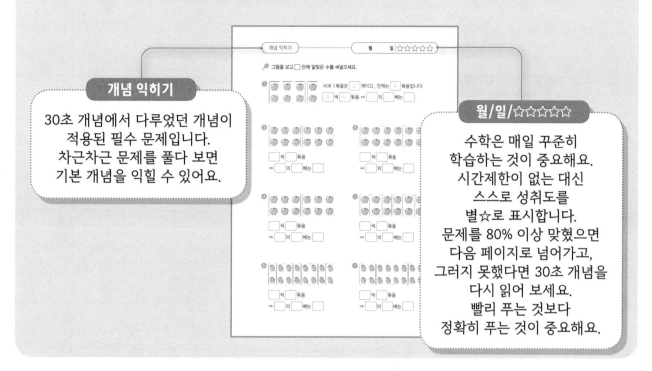

개념 익히기

30초 개념에서 다루었던 개념이
적용된 필수 문제입니다.
차근차근 문제를 풀다 보면
기본 개념을 익힐 수 있어요.

월/일/☆☆☆☆☆

수학은 매일 꾸준히
학습하는 것이 중요해요.
시간제한이 없는 대신
스스로 성취도를
별☆로 표시합니다.
문제를 80% 이상 맞혔으면
다음 페이지로 넘어가고,
그러지 못했다면 30초 개념을
다시 읽어 보세요.
빨리 푸는 것보다
정확히 푸는 것이 중요해요.

개념 다지기

필수 연습문제를 해결하며 내 것으로 만든 개념은 반복 훈련을 통해 다지고,
다른 사람에게 설명하는 경험을 통해 완전히 체화할 수 있어요.

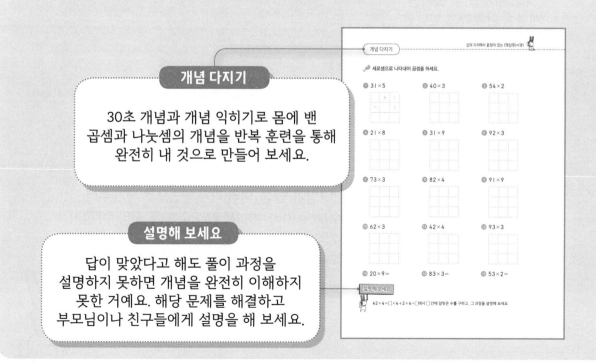

개념 다지기

30초 개념과 개념 익히기로 몸에 밴
곱셈과 나눗셈의 개념을 반복 훈련을 통해
완전히 내 것으로 만들어 보세요.

설명해 보세요

답이 맞았다고 해도 풀이 과정을
설명하지 못하면 개념을 완전히 이해하지
못한 거예요. 해당 문제를 해결하고
부모님이나 친구들에게 설명을 해 보세요.

다양한 형태의 문제를 풀어 보는 연습이 중요해요.

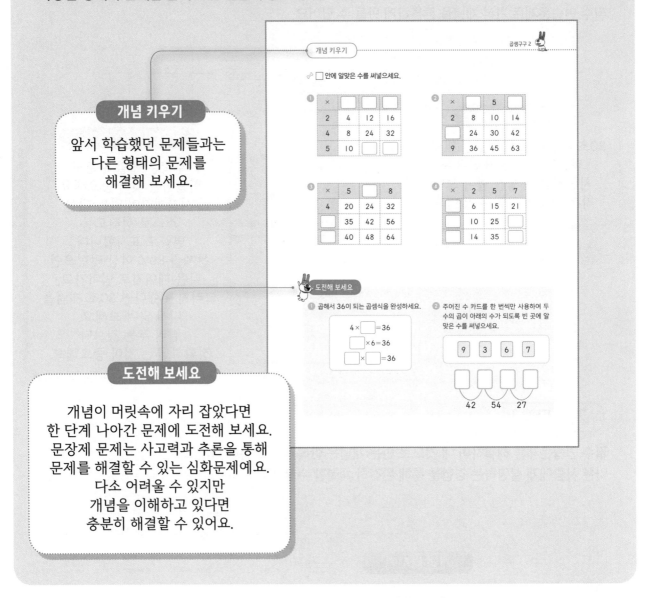

개념 키우기

앞서 학습했던 문제들과는
다른 형태의 문제를
해결해 보세요.

도전해 보세요

개념이 머릿속에 자리 잡았다면
한 단계 나아간 문제에 도전해 보세요.
문장제 문제는 사고력과 추론을 통해
문제를 해결할 수 있는 심화문제예요.
다소 어려울 수 있지만
개념을 이해하고 있다면
충분히 해결할 수 있어요.

『곱셈·나눗셈의 발견』에서는 초등 2학년 1학기 '곱셈_여러 가지 방법으로 세기'부터
4학년 1학기 '곱셈과 나눗셈_(세 자리 수)×(두 자리 수), (세 자리 수)÷(두 자리 수)'까지
자연수의 곱셈과 나눗셈에 관한 모든 것의 개념을 연결했습니다.
35차시로 구성되어 있는 『곱셈·나눗셈의 발견』으로
초등 연산의 기초를 다져 보세요.

초등학교에서 배우는 사 칙 연 산

덧셈과 뺄셈
- 모으기와 가르기
- 덧셈식으로 나타내고 덧셈하기
- 뺄셈식으로 나타내고 뺄셈하기
- 0을 더하거나 빼기
- (몇십몇)+(몇), (몇십)+(몇십)
- (몇십몇)+(몇십몇)
- (몇십몇)-(몇), (몇십)-(몇십)
- (몇십몇)-(몇십몇)

덧셈과 뺄셈
- 받아올림이 있는 (몇십몇)+(몇), (몇십몇)+(몇십몇)
- 여러 가지 방법으로 덧셈하기
- 받아내림이 있는 (몇십몇)-(몇), (몇십몇)-(몇십몇)
- 여러 가지 방법으로 뺄셈하기
- 덧셈과 뺄셈의 관계를 식으로 나타내기
- □의 값 구하기
- 세 수의 계산
- 덧셈표에서 규칙 찾기
곱셈
- 묶어 세기
- 곱셈식 알기와 나타내기
- 곱셈구구(2~9단), 1단, 0의 곱
- 곱셈표 만들기와 규칙 찾기

덧셈과 뺄셈
- 받아올림이 없는 (세 자리 수)+(세 자리 수)
- 받아올림이 있는 (세 자리 수)+(세 자리 수)
- 받아내림이 없는 (세 자리 수)-(세 자리 수)
- 받아내림이 있는 (세 자리 수)-(세 자리 수)
곱셈
- 올림이 없는 (몇십)×(몇), (몇십몇)×(몇)
- 올림이 있는 (몇십몇)×(몇)
- 올림이 없는 (세 자리 수)×(한 자리 수)
- 올림이 있는 (세 자리 수)×(한 자리 수)
- (몇십)×(몇십), (몇십몇)×(몇십), (몇)×(몇십몇)
- (몇십몇)×(몇십몇)
- 곱셈의 활용
나눗셈
- 똑같이 나누기
- 곱셈과 나눗셈의 관계를 알고 나눗셈의 몫을 곱셈으로 구하기
- (몇십)÷(몇), (몇십몇)÷(몇)
- 나머지가 있는 (몇십몇)÷(몇)
- 나머지가 있는 (세 자리 수)÷(한 자리 수)
- 계산이 맞는지 확인하기

곱셈과 나눗셈
- (세 자리 수)×(몇십), (세 자리 수)×(몇십몇)
- 곱셈의 활용
- 몇십으로 나누기
- 몇십몇으로 나누기
- (세 자리 수)÷(두 자리 수)
- 나눗셈 결과가 맞는지 확인하기

자연수의 혼합 계산
- 덧셈과 뺄셈이 섞여 있는 식 계산하기
- 곱셈과 나눗셈이 섞여 있는 식 계산하기
- 덧셈, 뺄셈, 곱셈이 섞여 있는 식 계산하기
- 덧셈, 뺄셈, 나눗셈이 섞여 있는 식 계산하기
- 덧셈, 뺄셈, 곱셈, 나눗셈이 섞여 있는 식 계산하기

영 역 별 연 산

곱셈·나눗셈의 발견 　차 례

3장

나눗셈

권 장 진 도 표

		초등 2학년 (31일 완성)	초등 3학년 (17일 완성)	초등 4학년 (12일 완성)
1장	곱셈, 나눗셈의 기초	하루 두 단계씩 3일 완성	하루 세 단계씩 3일 완성	하루 네 단계씩 2일 완성
2장	곱셈	하루 한 단계씩 18일 완성	하루 두 단계씩 9일 완성	하루 세 단계씩 6일 완성
3장	나눗셈	하루 한 단계씩 10일 완성	하루 두 단계씩 5일 완성	하루 세 단계씩 4일 완성

1장

곱셈, 나눗셈의 기초

무엇을 배우나요?

- 여러 가지 방법으로 수를 세어 보고, 묶어 세기의 편리함을 알 수 있어요.
- '몇씩 몇 묶음'을 '몇의 몇 배'로 나타내고 곱셈식으로 나타낼 수 있어요.
- 곱셈구구의 구성 원리를 이해하고 곱셈구구의 편리함을 알 수 있어요.
- 똑같이 나누기와 묶어 세기를 통해 나눗셈을 이해하고 나눗셈식으로 나타낼 수 있어요.
- 곱셈과 나눗셈의 관계를 알고 나눗셈의 몫을 곱셈식, 곱셈구구로 구할 수 있어요.

2-1-6
곱셈
묶어 세기
2의 몇 배
곱셈식 알아보기
곱셈식으로 나타내기

3-1-4
곱셈
(몇십)×(몇)
올림이 없는, 올림이 있는
(몇십몇)×(몇)

1-1-3
덧셈과 뺄셈
결과가 9 이하인
덧셈과 뺄셈

2-2-2
곱셈구구
2~9단 곱셈구구
1단 곱셈구구와 0의 곱
곱셈표 만들기

3-2-1
곱셈
올림이 없는, 올림이 있는
(세 자리 수)×(한 자리 수)
(몇십)×(몇십),
(몇십몇)×(몇십),
(몇)×(몇십몇)
올림이 있는
(몇십몇)×(몇십몇)

1-2-2
덧셈과 뺄셈 (1)
세 수의 덧셈
세 수의 뺄셈

3-1-3
나눗셈
똑같이 나누기
곱셈과 나눗셈의 관계
나눗셈의 몫을
곱셈으로 구하기

4-1-3
곱셈과 나눗셈
(세 자리 수)×(몇십)
(세 자리 수)×(두 자리 수)

1장	초등 2학년 (31일 진도)	초등 3학년 (17일 진도)	초등 4학년 (12일 진도)
곱셈, 나눗셈의 기초	하루 두 단계씩 공부해요.	하루 세 단계씩 공부해요.	하루 네 단계씩 공부해요.

 권장 진도표에 맞춰 공부하고, 공부한 단계에 해당하는 조각에 색칠하세요.

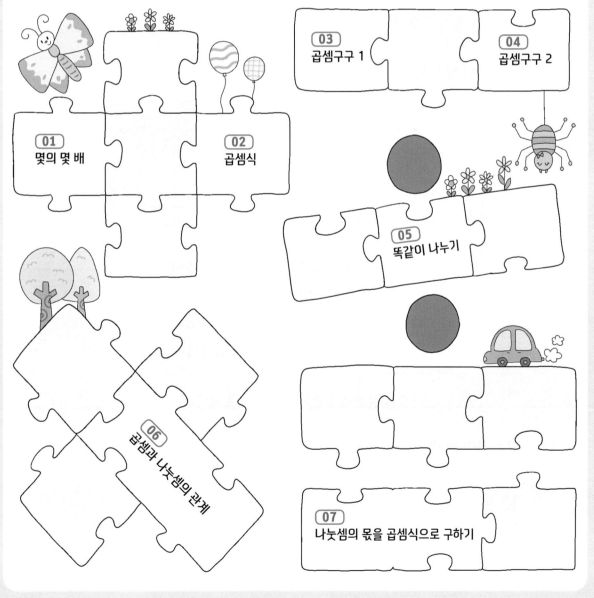

03 곱셈구구 1

04 곱셈구구 2

01 몇의 몇 배

02 곱셈식

05 똑같이 나누기

06 곱셈과 나눗셈의 관계

07 나눗셈의 몫을 곱셈식으로 구하기

01 몇의 몇 배

2-1-6
곱셈
(묶어 세기)

2-1-6
곱셈
(몇의 몇 배)

2-1-6
곱셈
(곱셈식)

기억해 볼까요?

□ 안에 알맞은 수를 써넣으세요.

①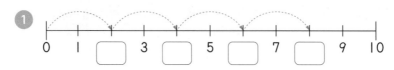

②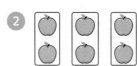

2씩 □ 묶음은 □개

30초 개념

뛰어 세기로 묶음의 수를 세어 몇의 몇 배로 나타낼 수 있어요.

◎ 12는 3의 몇 배인지 묶음으로 알아보기

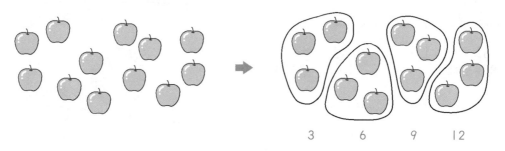

3   6   9   12

$$3 \Rightarrow 3씩 1묶음 \Rightarrow 3의 1배$$
$$6 \Rightarrow 3씩 2묶음 \Rightarrow 3의 2배$$
$$9 \Rightarrow 3씩 3묶음 \Rightarrow 3의 3배$$
$$12 \Rightarrow 3씩 4묶음 \Rightarrow 3의 4배$$

12는 3씩 4묶음이므로 3의 4배입니다.

◎ 12는 3의 몇 배인지 뛰어 세기로 알아보기

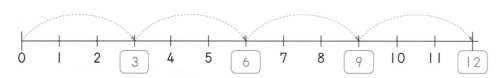

| 0 | 1 | 2 | 3 | 4 | 5 | 6 | 7 | 8 | 9 | 10 | 11 | 12 |

3씩 4번 뛰어 세면 12이므로 12는 3의 4배입니다.

12

그림을 보고 ☐ 안에 알맞은 수를 써넣으세요.

1

사과 1묶음은 2 개이고, 전체는 4 묶음입니다.

2 씩 4 묶음 ➡ ☐의 ☐배는 ☐

2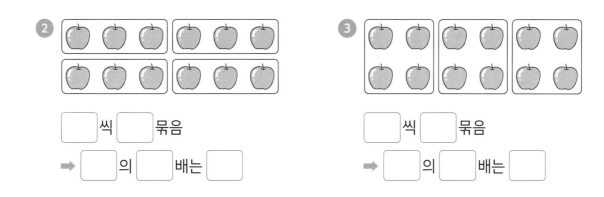

☐씩 ☐묶음

➡ ☐의 ☐배는 ☐

3

☐씩 ☐묶음

➡ ☐의 ☐배는 ☐

4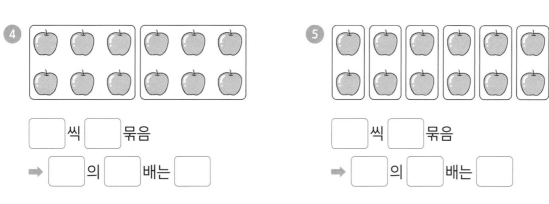

☐씩 ☐묶음

➡ ☐의 ☐배는 ☐

5

☐씩 ☐묶음

➡ ☐의 ☐배는 ☐

6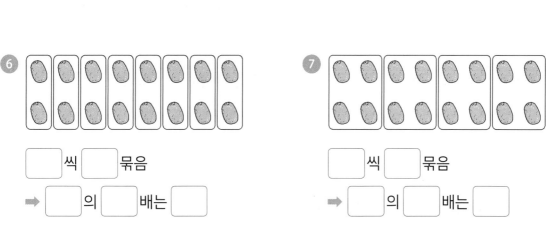

☐씩 ☐묶음

➡ ☐의 ☐배는 ☐

7

☐씩 ☐묶음

➡ ☐의 ☐배는 ☐

개념 다지기

🍗 ☐ 안에 알맞은 수를 써넣으세요.

1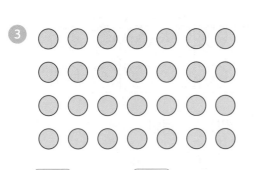

5의 ☐ 배는 ☐ 입니다.

2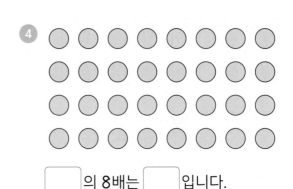

4의 ☐ 배는 ☐ 입니다.

3

☐ 의 4배는 ☐ 입니다.

4

☐ 의 8배는 ☐ 입니다.

5

6의 ☐ 배는 ☐ 입니다.

6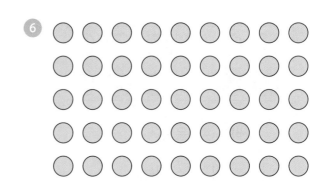

☐ 의 5배는 ☐ 입니다.

7 8의 5배는 ☐ 입니다.

8 7의 4배는 ☐ 입니다.

설명해 보세요

 5의 4배가 20임을 그림을 그려서 설명해 보세요.

14

개념 키우기

🦴 ☐ 안에 알맞은 수를 써넣으세요.

① ⬤ ⬤ ⬤ ⬤ ⬤
⬤ ⬤ ⬤ ⬤ ⬤
⬤ ⬤ ⬤ ⬤ ⬤

5씩 ☐ 묶음은 ☐ 입니다.
5의 ☐ 배는 ☐ 입니다.

② ⬤ ⬤ ⬤ ⬤ ⬤ ⬤ ⬤
⬤ ⬤ ⬤ ⬤ ⬤ ⬤ ⬤
⬤ ⬤ ⬤ ⬤ ⬤ ⬤ ⬤
⬤ ⬤ ⬤ ⬤ ⬤ ⬤ ⬤

7씩 ☐ 묶음은 ☐ 입니다.
7의 ☐ 배는 ☐ 입니다.

③ 8의 8배는 ☐ 입니다.

④ 9의 7배는 ☐ 입니다.

⑤ 7의 6배는 ☐ 입니다.

⑥ 8의 6배는 ☐ 입니다.

도전해 보세요

① 바나나가 한 송이에 6개씩 달려 있습니다. 5송이에는 바나나가 모두 몇 개 달려 있을까요?

(   )개

② 가을이가 가진 블록 수는 봄이가 가진 블록 수의 몇 배일까요?

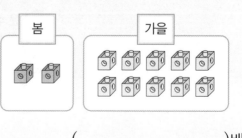

(   )배

기억해 볼까요?

□ 안에 알맞은 수를 써넣으세요.

1 ┌ 3씩 4묶음은 □ 입니다.
└ 3의 □ 배는 □ 입니다.

2 ┌ 2씩 5묶음은 □ 입니다.
└ 2의 □ 배는 □ 입니다.

30초 개념

몇의 몇 배는 곱셈 기호 '×'를 사용하여 곱셈식으로 나타낼 수 있어요.

🎯 곱셈식을 쓰고, 읽기

풍선이 3개씩 4묶음이므로 12개입니다.

- 3씩 4묶음은 3의 4배입니다.
- 3의 4배를 3×4라 쓰고 3 곱하기 4라고 읽습니다.
- 3의 4배 ➡ 3+3+3+3=12 ➡ 3×4=12
- 3×4=12는 3 곱하기 4는 12와 같습니다라고 읽습니다.
- 3과 4의 곱은 12입니다.

> 같은 수를 여러 번 더하는 덧셈보다
> 곱셈이 한 번에 계산할 수 있어 훨씬 빨라요.

🍗 그림을 보고 알맞은 덧셈식과 곱셈식을 쓰세요.

①

덧셈식 _____

곱셈식 _____

②

덧셈식 _____

곱셈식 _____

③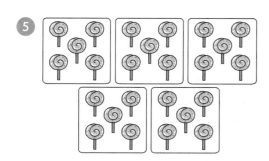

덧셈식 _____

곱셈식 _____

④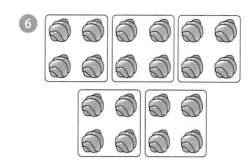

덧셈식 _____

곱셈식 _____

⑤

덧셈식 _____

곱셈식 _____

⑥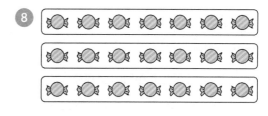

덧셈식 _____

곱셈식 _____

⑦

덧셈식 _____

곱셈식 _____

⑧

덧셈식 _____

곱셈식 _____

🍗 그림을 보고 알맞은 곱셈식을 쓰세요.

①

곱셈식 _____

②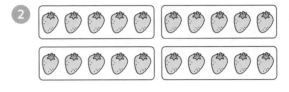

곱셈식 _____

③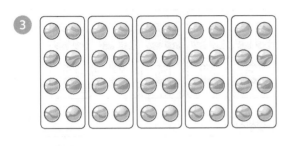

곱셈식 _____

④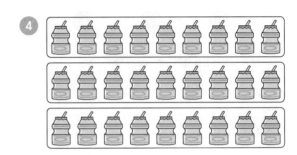

곱셈식 _____

⑤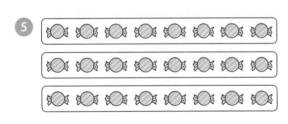

곱셈식 _____

⑥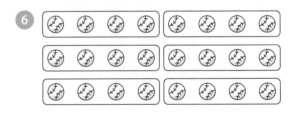

곱셈식 _____

 설명해 보세요

그림에 맞는 식을 쓰고 설명해 보세요.

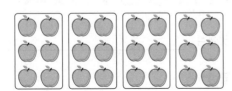

덧셈식	곱셈식

개념 키우기

🦴 ☐ 안에 알맞은 수를 써넣고 곱셈식으로 나타내세요.

①

2씩 ☐ 묶음입니다.

곱셈식 _____

②

4씩 ☐ 묶음입니다.

곱셈식 _____

③

3씩 ☐ 묶음입니다.

곱셈식 _____

④

6씩 ☐ 묶음입니다.

곱셈식 _____

도전해 보세요

① 노란색 구슬이 2개의 주머니에 4개씩 들어 있습니다. 파란색 구슬의 수가 노란색 구슬의 수의 4배이면 파란색 구슬은 몇 개일까요?

(   )개

② 봄, 겨울, 여름이가 가위바위보를 했습니다. 3명 모두 보를 내면 펼쳐진 손가락은 모두 몇 개일까요?

(   )개

기억해 볼까요?

그림을 보고 알맞은 곱셈식을 쓰세요.

① 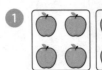   ②

곱셈식 _____   곱셈식 _____

30초 개념

곱셈구구는 2단, 3단, 4단, 5단, 6단, 7단, 8단, 9단 곱셈구구가 있어요.

🎯 2~9단 곱셈구구

┌─ 2단 ─┐
$2 \times 1 = 2$
$2 \times 2 = 4$
$2 \times 3 = 6$
$2 \times 4 = 8$
$2 \times 5 = 10$
$2 \times 6 = 12$
$2 \times 7 = 14$
$2 \times 8 = 16$
$2 \times 9 = 18$

┌─ 3단 ─┐
$3 \times 1 = 3$
$3 \times 2 = 6$
$3 \times 3 = 9$
$3 \times 4 = 12$
$3 \times 5 = 15$
$3 \times 6 = 18$
$3 \times 7 = 21$
$3 \times 8 = 24$
$3 \times 9 = 27$

┌─ 4단 ─┐
$4 \times 1 = 4$
$4 \times 2 = 8$
$4 \times 3 = 12$
$4 \times 4 = 16$
$4 \times 5 = 20$
$4 \times 6 = 24$
$4 \times 7 = 28$
$4 \times 8 = 32$
$4 \times 9 = 36$

┌─ 5단 ─┐
$5 \times 1 = 5$
$5 \times 2 = 10$
$5 \times 3 = 15$
$5 \times 4 = 20$
$5 \times 5 = 25$
$5 \times 6 = 30$
$5 \times 7 = 35$
$5 \times 8 = 40$
$5 \times 9 = 45$

┌─ 6단 ─┐
$6 \times 1 = 6$
$6 \times 2 = 12$
$6 \times 3 = 18$
$6 \times 4 = 24$
$6 \times 5 = 30$
$6 \times 6 = 36$
$6 \times 7 = 42$
$6 \times 8 = 48$
$6 \times 9 = 54$

┌─ 7단 ─┐
$7 \times 1 = 7$
$7 \times 2 = 14$
$7 \times 3 = 21$
$7 \times 4 = 28$
$7 \times 5 = 35$
$7 \times 6 = 42$
$7 \times 7 = 49$
$7 \times 8 = 56$
$7 \times 9 = 63$

┌─ 8단 ─┐
$8 \times 1 = 8$
$8 \times 2 = 16$
$8 \times 3 = 24$
$8 \times 4 = 32$
$8 \times 5 = 40$
$8 \times 6 = 48$
$8 \times 7 = 56$
$8 \times 8 = 64$
$8 \times 9 = 72$

┌─ 9단 ─┐
$9 \times 1 = 9$
$9 \times 2 = 18$
$9 \times 3 = 27$
$9 \times 4 = 36$
$9 \times 5 = 45$
$9 \times 6 = 54$
$9 \times 7 = 63$
$9 \times 8 = 72$
$9 \times 9 = 81$

🍗 곱셈을 하세요.

① $2 \times 4 =$

② $3 \times 3 =$

③ $4 \times 5 =$

④ $5 \times 7 =$

⑤ $6 \times 5 =$

⑥ $7 \times 4 =$

⑦ $8 \times 6 =$

⑧ $5 \times 6 =$

⑨ $2 \times 5 =$

⑩ $3 \times 7 =$

⑪ $9 \times 4 =$

⑫ $4 \times 6 =$

⑬ $6 \times 7 =$

⑭ $8 \times 4 =$

⑮ $7 \times 8 =$

⑯ $9 \times 2 =$

⑰ $2 \times 8 =$

⑱ $4 \times 8 =$

⑲ $3 \times 6 =$

⑳ $6 \times 4 =$

㉑ $7 \times 5 =$

㉒ $5 \times 5 =$

㉓ $9 \times 7 =$

㉔ $8 \times 7 =$

개념 다지기

🍗 곱셈을 하세요.

> 어떤 수에 0을 곱하면
> 결과는 항상 0이에요.
> (어떤 수) × 0 = 0
> 0 × (어떤 수) = 0

① $3 \times 0 =$

② $2 \times 10 =$

③ $5 \times 3 =$

④ $6 \times 2 =$

⑤ $7 \times 0 =$

⑥ $4 \times 7 =$

⑦ $8 \times 5 =$

⑧ $9 \times 6 =$

⑨ $4 \times 10 =$

⑩ $5 \times 4 =$

⑪ $2 \times 7 =$

⑫ $6 \times 6 =$

⑬ $7 \times 9 =$

⑭ $3 \times 0 =$

⑮ $9 \times 3 =$

⑯ $8 \times 8 =$

⑰ $4 \times 3 =$

⑱ $6 \times 8 =$

⑲ $7 \times 6 =$

⑳ $5 \times 8 =$

㉑ $3 \times 9 =$

㉒ $9 \times 10 =$

㉓ $8 \times 3 =$

설명해 보세요

$9 \times 4 = 36$인 이유를 설명해 보세요.

개념 키우기

🦴 곱셈표의 빈칸에 알맞은 수를 써넣으세요.

×	0	1	2	3	4	5	6	7	8	9
0	0	0		0		0		0		0
1		1	2	3	4	5	6	7	8	9
2	0	2		6		10	12		16	
3		3	6		12			21		27
4	0	4	8			20		28		
5		5		15		25			40	
6	0	6	12		24				48	
7		7		21		35		49		
8	0	8	16			40	48		64	
9	0	9		27		45		63		81

도전해 보세요

① 2~9단 곱셈구구에서 같은 수끼리 곱하여 나오는 값을 모두 찾아 ◯표 하세요.

1	6	20	81
12	48	49	27
5	0	8	36
4	2	25	16

② ☐ 안에 알맞은 수를 써넣으세요.

(1) ☐ × 4 = 20

(2) 3 × ☐ = 27

(3) ☐ × 8 = 56

(4) 6 × ☐ = 36

04 곱셈구구 2

?! 기억해 볼까요?

곱셈을 하세요.

1 $6 \times 6 =$

2 $3 \times 7 =$

3 $5 \times 4 =$

4 $8 \times 9 =$

30초 개념

곱셈표를 이용해서 1~9단 곱셈구구의 원리를 알아보아요.

◎ 곱셈표 살펴보기

×	1	2	3	4	5	6	7	8	9
1	1	2	㉠	4	5	6	7	8	9
2	2	4	6	8	10	12	14	16	18
3	3	6	9	12	15	18	21	24	27
4	4	8	12	16	20	24	㉡	32	36
5	5	10	15	20	25	30	35	40	45
6	6	12	18	24	30	36	42	48	54
7	7	14	21	28	35	42	49	56	63
8	8	16	24	32	40	48	56	64	72
9	9	18	27	36	45	54	63	72	81

• ㉠은 $1 \times 3 = 3$이므로 ㉠=3입니다. ➡ 곱이 3인 곱셈구구는 3×1입니다.

• ㉡은 $4 \times 7 = 28$이므로 ㉡=28입니다. ➡ 곱이 28인 곱셈구구는 7×4입니다.

> 두 수를 바꾸어 곱해도 곱은 같아요.
> $$■ \times ★ = ★ \times ■$$

🍗 ☐ 안에 알맞은 수를 써넣으세요.

1 $5 \times \boxed{} = 20$

2 $2 \times \boxed{} = 8$

3 $8 \times \boxed{} = 48$

4 $7 \times \boxed{} = 42$

5 $3 \times \boxed{} = 15$

6 $4 \times \boxed{} = 28$

7 $6 \times \boxed{} = 36$

8 $9 \times \boxed{} = 27$

9 $2 \times \boxed{} = 0$

10 $9 \times \boxed{} = 63$

11 $\boxed{} \times 7 = 21$

12 $\boxed{} \times 2 = 16$

13 $\boxed{} \times 3 = 18$

14 $\boxed{} \times 4 = 16$

15 $\boxed{} \times 6 = 48$

16 $\boxed{} \times 5 = 35$

17 $\boxed{} \times 8 = 32$

18 $\boxed{} \times 9 = 45$

19 $\boxed{} \times 3 = 24$

20 $\boxed{} \times 7 = 0$

개념 다지기

□ 안에 알맞은 수를 써넣으세요.

① $2 \times 6 = 6 \times \boxed{}$

② $5 \times 3 = \boxed{} \times 5$

③ $6 \times 4 = 4 \times \boxed{}$

④ $3 \times 7 = \boxed{} \times 3$

⑤ $4 \times 5 = 5 \times \boxed{}$

⑥ $7 \times 2 = \boxed{} \times 7$

⑦ $9 \times 8 = 8 \times \boxed{}$

⑧ $8 \times 7 = \boxed{} \times 8$

⑨ $3 \times 3 = 9 \times \boxed{}$

⑩ $4 \times 2 = \boxed{} \times 1$

⑪ $3 \times 4 = 6 \times \boxed{}$

⑫ $6 \times 4 = \boxed{} \times 8$

⑬ $\boxed{} \times 3 = 18$

⑭ $3 \times 8 = \boxed{} \times 6$

⑮ $\boxed{} \times 6 = 48$

⑯ $6 \times 6 = 4 \times \boxed{}$

설명해 보세요

□ $\times 5 = 40$에서 □ 안에 알맞은 수를 구하고, 그 이유를 설명해 보세요.

개념 키우기

🦴 ☐ 안에 알맞은 수를 써넣으세요.

1

×	☐	☐	☐
2	4	12	16
4	8	24	32
5	10	☐	☐

2

×	☐	5	☐
2	8	10	14
☐	24	30	42
9	36	45	63

3

×	5	☐	8
4	20	24	32
☐	35	42	56
☐	40	48	64

4

×	2	5	7
☐	6	15	21
☐	10	25	☐
☐	14	35	☐

도전해 보세요

1 곱해서 36이 되는 곱셈식을 완성하세요.

$$4 \times \boxed{} = 36$$

$$\boxed{} \times 6 = 36$$

$$\boxed{} \times \boxed{} = 36$$

2 주어진 수 카드를 한 번씩만 사용하여 두 수의 곱이 아래의 수가 되도록 빈 곳에 알맞은 수를 써넣으세요.

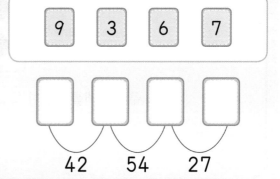

기억해 볼까요?

뺄셈을 하세요.

① $6-3=$

② $10-5=$

③ $4-2=$

④ $8-4=$

30초 개념

똑같이 나누기를 이용하면 나눗셈을 할 수 있어요. $8 \div 2 = 4$와 같은 식을 나눗셈식이라고 해요. 이때 4는 8을 2로 나눈 몫, 8은 나누어지는 수, 2는 나누는 수라고 해요.

🎯 $8 \div 2 = 4$의 계산

방법1 2씩 덜어 내서 계산해요.

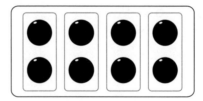

구슬 8개를 한 명에게 2개씩 나누어 주면 4명이 받을 수 있습니다.

$$8-2-2-2-2=0 \Rightarrow 8 \div 2 = 4$$

방법2 2묶음으로 묶어서 계산해요.

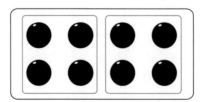

구슬 8개를 2명이 똑같이 나누면 한 명이 4개씩 받을 수 있습니다.

$$8 \div 2 = 4$$

묶음의 수를 세어 나눗셈의 몫을 구하세요.

1
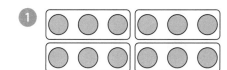

$12 \div 3 = \boxed{4}$

2
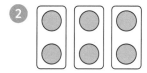

$6 \div 2 = \boxed{}$

3
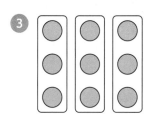

$9 \div 3 = \boxed{}$

4
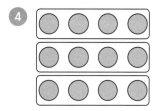

$12 \div 4 = \boxed{}$

5

$10 \div 5 = \boxed{}$

6
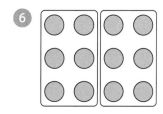

$12 \div 6 = \boxed{}$

7

$16 \div 8 = \boxed{}$

8
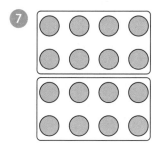

$8 \div 2 = \boxed{}$

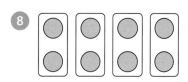

개념 다지기

🍗 그림을 보고 나눗셈의 몫을 구하세요.

①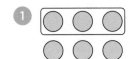

$6 \div 3 = \boxed{}$

②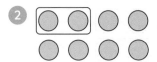

$8 \div 2 = \boxed{}$

③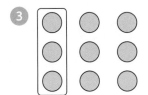

$9 \div 3 = \boxed{}$

④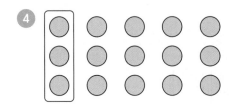

$15 \div 3 = \boxed{}$

⑤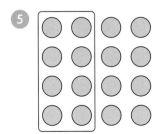

$16 \div 8 = \boxed{}$

⑥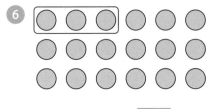

$18 \div 3 = \boxed{}$

⑦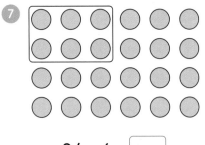

$24 \div 6 = \boxed{}$

⑧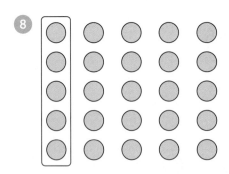

$25 \div 5 = \boxed{}$

설명해 보세요

 $12 \div 3 = \boxed{}$에서 $\boxed{}$ 안에 알맞은 수를 그림을 그려서 구하세요.

개념 키우기

🦴 그림을 나눗셈식으로 나타내고 계산하세요.

1

나눗셈식 _____

답 _____

2

나눗셈식 _____

답 _____

3

나눗셈식 _____

답 _____

4

나눗셈식 _____

답 _____

도전해 보세요

🐾 구슬 35개를 똑같이 나누어 가지려고 합니다. 물음에 답하세요.

	한 명에게 7개씩 나누어 줄 때	7명에게 똑같이 나누어 줄 때
구하려는 것		
나눗셈식		
몫		
몫이 나타내는 것		

○ 3-1-3
  나눗셈
  (똑같이 나누기)

○ 3-1-3
  나눗셈
  (곱셈과 나눗셈의 관계)

○ 3-1-3
  나눗셈
  (나눗셈의 몫을 곱셈식으로
  구하기)

기억해 볼까요?

□ 안에 알맞은 수를 써넣으세요.

$8 \div 2 = \boxed{}$

30초 개념

곱셈식을 이용하여 나눗셈식을 나타낼 수 있어요.

✏️ 곱셈식과 나눗셈식의 관계

3씩 4묶음

➡ $3 \times 4 = 12$

➡ $12 \div 3 = 4$

4씩 3묶음

➡ $4 \times 3 = 12$

➡ $12 \div 4 = 3$

하나의 곱셈식은 2개의
나눗셈식으로 나타낼 수 있어요!

① $3 \times 4 = 12$ ➡ $12 \div 3 = 4$
                    $12 \div 4 = 3$

② $4 \times 3 = 12$ ➡ $12 \div 4 = 3$
                    $12 \div 3 = 4$

🍗 ☐ 안에 알맞은 수를 써넣으세요.

1

곱셈식 $2 \times \boxed{4} = 8$

나눗셈식 $8 \div \boxed{2} = 4$

$8 \div \boxed{4} = 2$

2

곱셈식 $5 \times \boxed{} = 10$

나눗셈식 $10 \div \boxed{} = 2$

$10 \div \boxed{} = 5$

3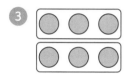

곱셈식 $3 \times \boxed{} = \boxed{}$

나눗셈식 $6 \div \boxed{} = \boxed{}$

$6 \div \boxed{} = \boxed{}$

4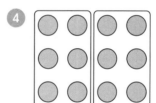

곱셈식 $6 \times \boxed{} = \boxed{}$

나눗셈식 $12 \div \boxed{} = \boxed{}$

$12 \div \boxed{} = \boxed{}$

5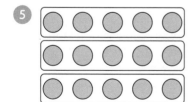

곱셈식 $\boxed{} \times \boxed{} = \boxed{}$

나눗셈식 $15 \div \boxed{} = \boxed{}$

$15 \div \boxed{} = \boxed{}$

6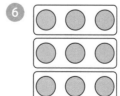

곱셈식 $\boxed{} \times \boxed{} = \boxed{}$

나눗셈식 $9 \div \boxed{} = \boxed{}$

개념 다지기

🍗 곱셈식을 나눗셈식으로 나타내세요.

① $2 \times 8 = 16$ ⟨ $16 \div \boxed{} = \boxed{}$
$16 \div \boxed{} = \boxed{}$

② $3 \times 2 = 6$ ⟨ $6 \div \boxed{} = \boxed{}$
$6 \div \boxed{} = \boxed{}$

③ $4 \times 5 = 20$ ⟨ $20 \div \boxed{} = \boxed{}$
$20 \div \boxed{} = \boxed{}$

④ $3 \times 7 = 21$ ⟨ $21 \div \boxed{} = \boxed{}$
$21 \div \boxed{} = \boxed{}$

⑤ $5 \times 6 = 30$ ⟨ $30 \div \boxed{} = \boxed{}$
$30 \div \boxed{} = \boxed{}$

⑥ $7 \times 4 = 28$ ⟨ $28 \div \boxed{} = \boxed{}$
$28 \div \boxed{} = \boxed{}$

⑦ $9 \times 2 = 18$ ⟨ $\boxed{} \div \boxed{} = \boxed{}$
$\boxed{} \div \boxed{} = \boxed{}$

⑧ $8 \times 6 = 48$ ⟨ $\boxed{} \div \boxed{} = \boxed{}$
$\boxed{} \div \boxed{} = \boxed{}$

⑨ $7 \times 9 = 63$ ⟨ $\boxed{} \div \boxed{} = \boxed{}$
$\boxed{} \div \boxed{} = \boxed{}$

⑩ $9 \times 5 = 45$ ⟨ $\boxed{} \div \boxed{} = \boxed{}$
$\boxed{} \div \boxed{} = \boxed{}$

⑪ $8 \times 7 = 56$ ⟨ $\boxed{} \div \boxed{} = \boxed{}$
$\boxed{} \div \boxed{} = \boxed{}$

⑫ $9 \times 8 = 72$ ⟨ $\boxed{} \div \boxed{} = \boxed{}$
$\boxed{} \div \boxed{} = \boxed{}$

설명해 보세요

$8 \times 5 = 40$과 관계가 있는 곱셈식 하나와 나눗셈식 2개를 쓰세요.

개념 키우기

🦴 세 수를 이용하여 알맞은 곱셈식과 나눗셈식을 만드세요.

1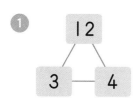

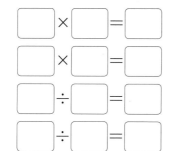

2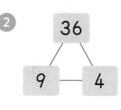

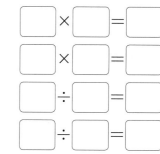

3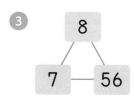

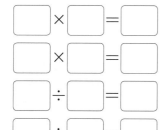

4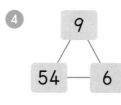

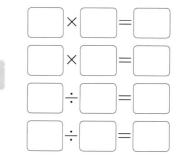

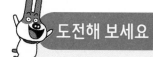 **도전해 보세요**

1 ☐ 안에 들어갈 알맞은 수를 구하세요.

$$8 \times \square = 56 \rightarrow 56 \div \square = 8$$

(   )

2 빈 곳에 알맞은 수를 써넣으세요.

36	÷	☐	=	9
		÷		÷
2	×	☐	=	☐
		=		=
		☐		3

?! 기억해 볼까요?

☐ 안에 알맞은 수를 써넣으세요.

$$3 \times 4 = 12 \begin{cases} 12 \div \boxed{} = \boxed{} \\ 12 \div \boxed{} = \boxed{} \end{cases}$$

↻ 30초 개념

곱셈식을 이용하여 나눗셈의 몫을 구할 수 있어요.

◎ 12÷3, 12÷4의 몫 구하기

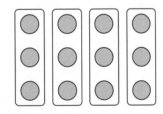

$$3 \times \boxed{4} = 12 \implies 12 \div 3 = \boxed{4} \qquad 4 \times \boxed{3} = 12 \implies 12 \div 4 = \boxed{3}$$

나눗셈을 하려면 곱셈구구를
아는 것이 중요해요!

$$① \ 3 \times 4 = 12 \begin{cases} 12 \div 3 = 4 \\ 12 \div 4 = 3 \end{cases} \qquad ② \ 4 \times 3 = 12 \begin{cases} 12 \div 4 = 3 \\ 12 \div 3 = 4 \end{cases}$$

🍗 곱셈구구를 이용하여 나눗셈의 몫을 구하세요.

① $7 \times \boxed{} = 42$

➡ $42 \div 7 = \boxed{}$

② $3 \times \boxed{} = 24$

➡ $24 \div 3 = \boxed{}$

③ $8 \times \boxed{} = 40$

➡ $40 \div 8 = \boxed{}$

④ $4 \times \boxed{} = 20$

➡ $20 \div 4 = \boxed{}$

⑤ $6 \times \boxed{} = 30$

➡ $30 \div 6 = \boxed{}$

⑥ $9 \times \boxed{} = 72$

➡ $72 \div 9 = \boxed{}$

⑦ $\boxed{} \times 5 = 45$

➡ $45 \div 5 = \boxed{}$

⑧ $\boxed{} \times 7 = 28$

➡ $28 \div 7 = \boxed{}$

⑨ $9 \times \boxed{} = 63$

➡ $63 \div 9 = \boxed{}$

⑩ $\boxed{} \times 6 = 12$

➡ $12 \div 6 = \boxed{}$

⑪ $\boxed{} \times 8 = 48$

➡ $48 \div 8 = \boxed{}$

⑫ $6 \times \boxed{} = 36$

➡ $36 \div 6 = \boxed{}$

⑬ $9 \times \boxed{} = 27$

➡ $27 \div 9 = \boxed{}$

⑭ $\boxed{} \times 5 = 25$

➡ $25 \div 5 = \boxed{}$

⑮ $\boxed{} \times 8 = 32$

➡ $32 \div 8 = \boxed{}$

⑯ $7 \times \boxed{} = 56$

➡ $56 \div 7 = \boxed{}$

개념 다지기

 나눗셈을 하세요.

① 6÷2=

② 8÷4=

③ 10÷5=

④ 15÷3=

⑤ 10÷2=

⑥ 8÷2=

⑦ 12÷6=

⑧ 18÷3=

⑨ 16÷4=

⑩ 14÷7=

⑪ 20÷10=

⑫ 21÷3=

⑬ 24÷6=

⑭ 25÷5=

⑮ 24÷8=

⑯ 32÷4=

⑰ 30÷6=

⑱ 12÷1=

설명해 보세요

 48÷8=□에서 □ 안에 알맞은 수를 곱셈식으로 구하고 그 과정을 설명해 보세요.

개념 키우기

🦴 관계있는 것끼리 선으로 이어 보세요.

$35 \div 7$ · · 6×9

$48 \div 6$ · · $12 \div 4$

$54 \div 9$ · · 7×5

3×4 · · 6×8

도전해 보세요

🐾 빈칸에 알맞은 수를 써넣으세요.

❶

×	3		
	12		40
	18	24	
7			

❷

×			
7	14	35	
		60	48
			24

2장 ▶ 곱셈

🐰 무엇을 배우나요? ⋯⋯⋯⋯⋯⋯⋯⋯⋯⋯

- (몇십) × (몇)의 계산 원리를 이해하고 계산할 수 있어요.
- (두 자리 수) × (한 자리 수)의 계산 원리를 이해하고 계산할 수 있어요.
- (세 자리 수) × (한 자리 수)의 계산 원리를 이해하고 계산할 수 있어요.
- (몇십) × (몇십), (몇십몇) × (몇십)을 계산할 수 있어요.
- (몇) × (몇십몇), (몇십몇) × (몇십몇)의 계산 형식을 이해하고 계산할 수 있어요.
- (세 자리 수) × (몇십), (세 자리 수) × (두 자리 수)의 계산 원리를 이해하고 계산할 수 있어요.

2-1-6

곱셈

묶어 세기

2의 몇 배

곱셈식 알아보기

곱셈식으로 나타내기

3-1-4

곱셈

(몇십)×(몇)

올림이 없는, 올림이 있는
(몇십몇)×(몇)

3-2-2

나눗셈

(몇십)÷(몇)

(몇십몇)÷(몇)

(세 자리 수)÷(한 자리 수)

나머지가 있는
(세 자리 수)÷(한 자리 수)

계산이 맞는지 확인하기

2-2-2

곱셈구구

2~9단 곱셈구구

1단 곱셈구구와 0의 곱

곱셈표 만들기

3-2-1

곱셈

올림이 없는, 올림이 있는
(세 자리 수)×(한 자리 수)

(몇십)×(몇십),
(몇십몇)×(몇십),
(몇)×(몇십몇)

올림이 있는
(몇십몇)×(몇십몇)

4-1-3

곱셈과 나눗셈

몇십으로 나누기

몇십몇으로 나누기

(세 자리 수)÷(두 자리 수)

3-1-3

나눗셈

똑같이 나누기

곱셈과 나눗셈의 관계

나눗셈의 몫을
곱셈으로 구하기

4-1-3

곱셈과 나눗셈

(세 자리 수)×(몇십)

(세 자리 수)×(두 자리 수)

2장 곱셈	초등 2학년 (31일 진도)	초등 3학년 (17일 진도)	초등 4학년 (12일 진도)
	하루 한 단계씩 공부해요.	하루 두 단계씩 공부해요.	하루 세 단계씩 공부해요.

 권장 진도표에 맞춰 공부하고, 공부한 단계에 해당하는 조각에 색칠하세요.

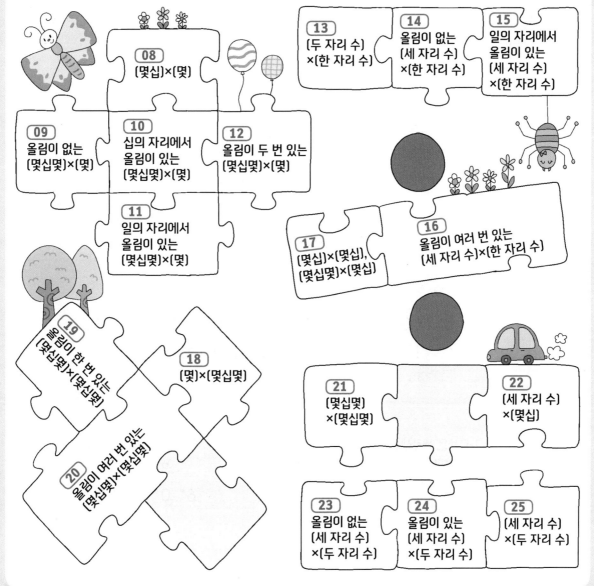

08 (몇십)×(몇)

09 올림이 없는 (몇십몇)×(몇)

10 십의 자리에서 올림이 있는 (몇십몇)×(몇)

11 일의 자리에서 올림이 있는 (몇십몇)×(몇)

12 올림이 두 번 있는 (몇십몇)×(몇)

13 (두 자리 수)×(한 자리 수)

14 올림이 없는 (세 자리 수)×(한 자리 수)

15 일의 자리에서 올림이 있는 (세 자리 수)×(한 자리 수)

16 올림이 여러 번 있는 (세 자리 수)×(한 자리 수)

17 (몇십)×(몇십), (몇십몇)×(몇십)

18 (몇)×(몇십몇)

19 올림이 한 번 있는 (몇십몇)×(몇십몇)

20 올림이 여러 번 있는 (몇십몇)×(몇십몇)

21 (몇십몇)×(몇십몇)

22 (세 자리 수)×(몇십)

23 올림이 없는 (세 자리 수)×(두 자리 수)

24 올림이 있는 (세 자리 수)×(두 자리 수)

25 (세 자리 수)×(두 자리 수)

?! **기억해 볼까요?**

□ 안에 알맞은 수를 써넣으세요.

1 $6 \times 7 =$ □　　　　**2** $8 \times 4 =$ □

3 $2 \times$ □ $= 16$　　　　**4** □ $\times 5 = 45$

⟳ **30초 개념**

(몇십)×(몇)의 계산은 몇십을 몇 번 더하는 것과 같아요. (몇)×(몇)을 계산하고 일의 자리에 0을 붙여요.

◎ 20×3의 계산

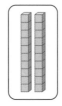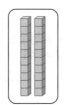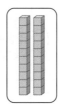

$$20 + 20 + 20 = 60 \Rightarrow 20 \times 3 = 60$$

$$20 \times 3 = 60$$
$$2 \times 3 = 6$$

2×3을 계산하여 십의 자리에 6을 쓰고, 일의 자리에 0을 붙이면 됩니다.

가로셈은 세로셈으로 바꾸어 계산하면 더 편리해요.

$20 \times 3 \Rightarrow$

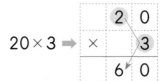

	2	0
×		3
	6	0

0을 먼저 일의 자리에 쓰고 $2 \times 3 = 6$을 계산해서 십의 자리에 써요.

🍗 그림을 보고 알맞은 식을 쓰세요.

1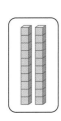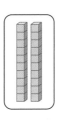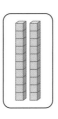

덧셈식 $20+20+20+20=80$

곱셈식 $20 \times \boxed{4} = \boxed{}$

십의 자리에 (몇) × (몇)을 계산한 값을 쓰고 일의 자리에 0을 붙여요.

2
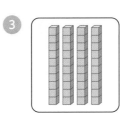

덧셈식 _____

곱셈식 _____

3

덧셈식 _____

곱셈식 _____

4
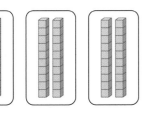

덧셈식 _____

곱셈식 _____

5
  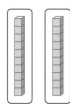

덧셈식 _____

곱셈식 _____

6
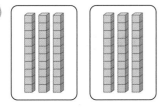

덧셈식 _____

곱셈식 _____

7
  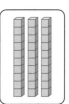 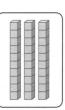

덧셈식 _____

곱셈식 _____

🍗 세로셈으로 나타내어 곱셈을 하세요.

① 20×3

	2	0
×		3

② 10×5

③ 30×2

④ 10×8

⑤ 20×2

⑥ 30×1

⑦ 40×2

⑧ 10×9

⑨ 20×4

⑩ 50×1

⑪ 90×1

⑫ 30×3

⑬ 30×4＝

⑭ 50×2＝

⑮ 70×3＝

설명해 보세요

60×3을 덧셈식으로 나타내고 그 합을 구하세요.

개념 키우기

✏ 곱셈을 하세요.

1.
```
    2 0
  ×   3
```

2.
```
    4 0
  ×   2
```

3.
```
    3 0
  ×   1
```

4.
```
    3 0
  ×   3
```

5.
```
    1 0
  ×   9
```

6.
```
    3 0
  ×   2
```

7. $20 \times 2 =$

8. $40 \times 2 =$

9. $80 \times 1 =$

10. $60 \times 2 =$

11. $30 \times 5 =$

12. $80 \times 2 =$

도전해 보세요

1. 빈 곳에 알맞은 수를 써넣으세요.

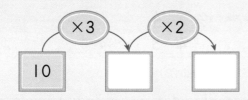

2. 봄이 어머니는 한 판에 30개씩 들어 있는 달걀을 2판 샀습니다. 봄이 어머니가 산 달걀은 모두 몇 개일까요?

(   )개

○ 3-1-4
곱셈
((몇십)×(몇))

○ 3-1-4
곱셈
(올림이 없는 (몇십몇)×(몇))

○ 3-2-1
곱셈
(올림이 없는 (세 자리 수)×
(한 자리 수))

기억해 볼까요?

곱셈을 하세요.

① $20 \times 2 =$

② $40 \times 2 =$

③ $10 \times 9 =$

④ $30 \times 3 =$

30초 개념

(몇십몇)×(몇)의 계산은 몇십몇을 몇 번 더하는 것과 같아요. 일의 자리, 십의 자리 순서로 계산해요.

🎯 12×4의 계산

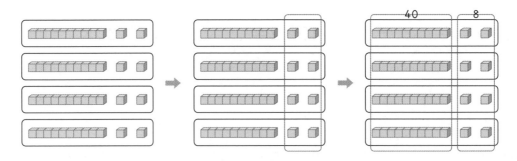

$$12 + 12 + 12 + 12 = 48 \Rightarrow 12 \times 4 = 48$$

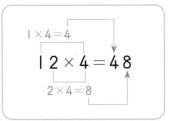

$$1 \times 4 = 4$$
$$12 \times 4 = 48$$
$$2 \times 4 = 8$$

일의 자리는 $2 \times 4 = 8$이므로 8을 일의 자리에 쓰고,
십의 자리는 $1 \times 4 = 4$이므로 4를 십의 자리에 씁니다.

가로셈은 세로셈으로 바꾸어
계산하면 더 편리해요.
계산은 일의 자리부터 해요.

$12 \times 4 \Rightarrow$

		1	2
	×		4
		4	8	← $2 \times 4 = 8$

1×4는 사실 10×4예요.

🍗 곱셈을 하세요.

일의 자리,
십의 자리 순서로
계산해요.

①

	1	2
×		3

② 1×3　① 2×3

②

	1	3
×		2

③

	1	2
×		4

④

	1	1
×		9

⑤

	1	4
×		2

⑥

	2	1
×		2

⑦

	2	3
×		3

⑧

	2	0
×		4

⑨

	3	1
×		2

⑩

	3	3
×		3

⑪

	2	4
×		2

⑫

	3	2
×		3

⑬

	8	2
×		1

⑭

	4	3
×		2

47

개념 다지기

🍗 세로셈으로 나타내어 곱셈을 하세요.

① 22×3

	2	2
×		3

② 14×2

③ 30×3

④ 23×2

⑤ 24×2

⑥ 12×2

⑦ 33×3

⑧ 44×2

⑨ 42×2

⑩ 23×3

⑪ 11×8

⑫ 39×1

⑬ 22×4＝

⑭ 41×2＝

⑮ 13×3＝

설명해 보세요

21×4를 덧셈식으로 나타내고 그 합을 구하세요.

개념 키우기

🦴 곱셈을 하세요.

①
```
    4 1
×     2
```

②
```
    2 3
×     3
```

③
```
    3 2
×     2
```

④
```
    4 0
×     2
```

⑤
```
    3 3
×     3
```

⑥
```
    5 2
×     1
```

⑦
```
    1 2
×     3
```

⑧
```
    3 1
×     3
```

⑨
```
    4 2
×     2
```

도전해 보세요

① □ 안에 알맞은 수를 써넣으세요.

```
  □ 4
×   2
─────
  6 □
```

② 빈 곳에 알맞은 수를 써넣으세요.

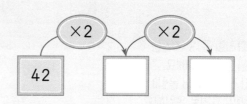

기억해 볼까요?

곱셈을 하세요.

❶ 23×2=

❷ 31×2=

❸ 41×2=

❹ 33×3=

30초 개념

일의 자리, 십의 자리 순서로 계산하고 십의 자리의 곱이 100이거나 100보다 크면 백의 자리로 올림해요.

🎯 32×4의 계산

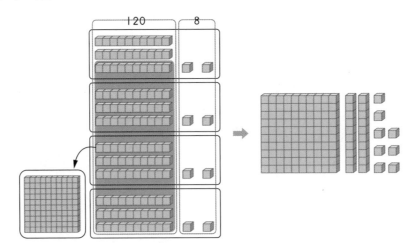

① 일의 자리 계산

	3	2
×		4
		8

↑
2×4=8

② 십의 자리 계산

	3	2
×		4
1	**2**	8

↑
3×4=12

		3	2
	×		4
			8	← 2×4=8
	1	2	0	← 30×4=120
	1	2	8	← 8+120=128

십의 자리의 곱 3×4는
사실 30×4예요.
십의 자리의 곱에서 올림이
있으면 백의 자리로 올림해요.

곱셈을 하세요.

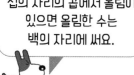

십의 자리의 곱에서 올림이
있으면 올림한 수는
백의 자리에 써요.

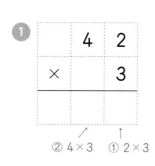

①
```
    4 2
  ×   3
```
② 4×3   ① 2×3

②
```
    2 1
  ×   5
```

③
```
    2 0
  ×   6
```

④
```
    5 2
  ×   4
```

⑤
```
    3 1
  ×   6
```

⑥
```
    2 1
  ×   7
```

⑦
```
    7 3
  ×   3
```

⑧
```
    4 0
  ×   7
```

⑨
```
    5 4
  ×   2
```

⑩
```
    6 3
  ×   3
```

⑪
```
    8 1
  ×   7
```

⑫
```
    7 2
  ×   4
```

⑬
```
    8 2
  ×   3
```

⑭
```
    9 3
  ×   2
```

세로셈으로 나타내어 곱셈을 하세요.

① 31×5

	3	1
×		5

② 40×3

③ 54×2

④ 21×8

⑤ 31×9

⑥ 92×3

⑦ 73×3

⑧ 82×4

⑨ 91×9

⑩ 62×3

⑪ 42×4

⑫ 93×3

⑬ 20×9=

⑭ 83×3=

⑮ 53×2=

설명해 보세요

$42×4=\square×4+2×4=\square$ 에서 □ 안에 알맞은 수를 구하고, 그 과정을 설명해 보세요.

52

개념 키우기

곱셈을 하세요.

①
```
  5 3
×   3
```

②
```
  9 0
×   9
```

③
```
  6 1
×   8
```

④
```
  6 4
×   2
```

⑤
```
  7 3
×   3
```

⑥
```
  8 1
×   5
```

⑦
```
  8 0
×   9
```

⑧
```
  8 3
×   2
```

⑨
```
  4 1
×   8
```

 도전해 보세요

□ 안에 알맞은 수를 써넣으세요.

①
```
  □ 3
×   3
 □ 7 □
```

② $18 \times 8 = \boxed{} + 64 = \boxed{}$

?! 기억해 볼까요?

곱셈을 하세요.

① $53 \times 2 =$

② $41 \times 3 =$

③ $81 \times 9 =$

④ $93 \times 3 =$

30초 개념

일의 자리, 십의 자리 순서로 계산하고 일의 자리의 곱이 10이거나 10보다 크면 십의 자리로 올림해요.

🎯 39×2의 계산

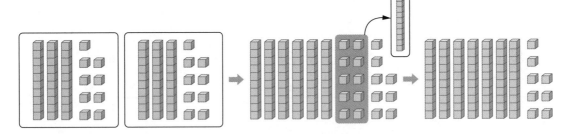

① 일의 자리 계산

| ← 올림한 수

		3	9
	×		2
			8

↑
$9 \times 2 = 18$

② 십의 자리 계산

| |

		3	9
	×		2
		7	8

↑
$3 \times 2 = 6, \ 6 + 1 = 7$

	3	9
×		2
	1	8	← $9 \times 2 = 18$
	6	0	← $30 \times 2 = 60$
	7	8	← $18 + 60 = 78$

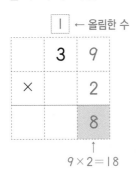

일의 자리의 곱에서 올림이
있으면 십의 자리로 올림해요.
올림한 수는 위에 작게 쓰고
잊지 말고 더해요.

곱셈을 하세요.

일의 자리의 곱에서 올림이
있으면 올림한 수는 십의
자리에 써요.

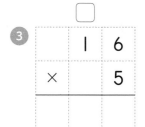

1
□ 1
```
    1 3
×     4
```

2
□
```
    1 2
×     5
```

3
□
```
    1 6
×     5
```

4
□
```
    1 7
×     2
```

5
□
```
    1 8
×     3
```

6
□
```
    1 4
×     6
```

7
□
```
    1 5
×     5
```

8
□
```
    1 6
×     6
```

9
□
```
    2 5
×     3
```

10
□
```
    3 8
×     2
```

11
□
```
    3 5
×     2
```

12
□
```
    4 5
×     2
```

13
□
```
    3 7
×     2
```

14
□
```
    1 2
×     7
```

🍖 세로셈으로 나타내어 곱셈을 하세요.

① 12×6

		1	2
	×		6

② 15×4

③ 17×3

④ 16×3

⑤ 27×2

⑥ 23×4

⑦ 13×7

⑧ 24×3

⑨ 19×5

⑩ 29×3

⑪ 26×3

⑫ 36×2

⑬ 45×2=

⑭ 24×4=

⑮ 14×7=

설명해 보세요

36×3=□×3+6×□=□에서 □ 안에 알맞은 수를 구하고, 그 과정을 설명해 보세요.

개념 키우기

✏️ 곱셈을 하세요.

①
```
    2 5
  ×   3
```

②
```
    1 8
  ×   4
```

③
```
    1 3
  ×   7
```

④
```
    3 8
  ×   2
```

⑤
```
    2 7
  ×   3
```

⑥
```
    1 5
  ×   2
```

⑦
```
    4 6
  ×   2
```

⑧
```
    3 5
  ×   2
```

⑨
```
    1 7
  ×   4
```

도전해 보세요

① 귤이 한 박스에 35개씩 들어 있습니다. 귤 2박스에는 귤이 모두 몇 개 들어 있을까요?

(   )개

② ☐ 안에 알맞은 수를 써넣으세요.

$15 \times 3 = 30 + \boxed{} = \boxed{}$

?! 기억해 볼까요?

곱셈을 하세요.

① $25 \times 3 =$　　　　　② $36 \times 2 =$

③ $23 \times 4 =$　　　　　④ $46 \times 2 =$

30초 개념

일의 자리, 십의 자리 순서로 계산하고 일의 자리의 곱이 10이거나 10보다 크면 십의 자리로 올림하고, 십의 자리의 곱이 100이거나 100보다 크면 백의 자리로 올림해요.

◎ 54×3의 계산

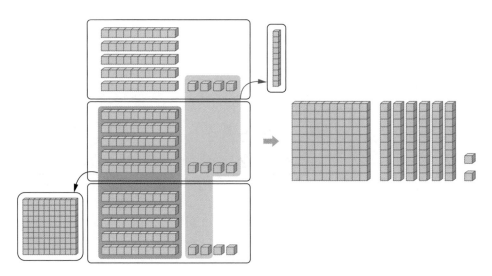

① 일의 자리 계산

		1	← 올림한 수
	5	4	
×		3	
		2	

↑
$4 \times 3 = 12$

② 십의 자리 계산

	1	
	5	4
×		3
1	6	2

↑
$5 \times 3 = 15,\ 15 + 1 = 16$

	5	4	
×		3	
	1	2	← $4 \times 3 = 12$
1	5	0	← $50 \times 3 = 150$
1	6	2	← $12 + 150 = 162$

곱셈을 하세요.

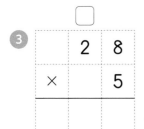
일의 자리의 곱에서 올림한 수는 십의 자리 계산이 끝난 후 잊지 말고 더해요.

① ☐ 1
```
    2 3
  ×   5
-------
```

② ☐
```
    2 5
  ×   4
-------
```

③ ☐
```
    2 8
  ×   5
-------
```

④ ☐
```
    2 2
  ×   8
-------
```

⑤ ☐
```
    2 7
  ×   4
-------
```

⑥ ☐
```
    3 2
  ×   6
-------
```

⑦ ☐
```
    3 6
  ×   3
-------
```

⑧ ☐
```
    3 3
  ×   5
-------
```

⑨ ☐
```
    4 8
  ×   3
-------
```

⑩ ☐
```
    4 3
  ×   8
-------
```

⑪ ☐
```
    5 6
  ×   7
-------
```

⑫ ☐
```
    6 2
  ×   6
-------
```

⑬ ☐
```
    7 4
  ×   9
-------
```

⑭ ☐
```
    9 4
  ×   3
-------
```

개념 다지기

🍖 세로셈으로 나타내어 곱셈을 하세요.

① 26×8

	2	6
×		8

② 34×6

③ 27×4

④ 13×8

⑤ 18×6

⑥ 24×9

⑦ 17×9

⑧ 45×4

⑨ 64×7

⑩ 78×5

⑪ 82×6

⑫ 87×6

⑬ 28×9=

⑭ 37×9=

⑮ 46×7=

설명해 보세요

$36×7=\square×7+6×\square=\square$에서 $\square$ 안에 알맞은 수를 구하고, 그 과정을 설명해 보세요.

개념 키우기

곱셈을 하세요.

①
$$\begin{array}{r} 4\ 5 \\ \times\quad 3 \\ \hline \end{array}$$

②
$$\begin{array}{r} 5\ 8 \\ \times\quad 3 \\ \hline \end{array}$$

③
$$\begin{array}{r} 3\ 6 \\ \times\quad 9 \\ \hline \end{array}$$

④
$$\begin{array}{r} 1\ 9 \\ \times\quad 8 \\ \hline \end{array}$$

⑤
$$\begin{array}{r} 3\ 7 \\ \times\quad 6 \\ \hline \end{array}$$

⑥
$$\begin{array}{r} 5\ 7 \\ \times\quad 9 \\ \hline \end{array}$$

⑦
$$\begin{array}{r} 6\ 3 \\ \times\quad 8 \\ \hline \end{array}$$

⑧
$$\begin{array}{r} 9\ 6 \\ \times\quad 6 \\ \hline \end{array}$$

⑨
$$\begin{array}{r} 8\ 4 \\ \times\quad 6 \\ \hline \end{array}$$

 도전해 보세요

① 한 상자에 25개씩 들어 있는 오이가 9상자 있습니다. 오이는 모두 몇 개일까요?

(   )개

② □ 안에 알맞은 수를 써넣으세요.

$$\begin{array}{r} 2\ \square \\ \times\quad 8 \\ \hline 1\ \square\ 4 \end{array}$$

3-1-4
곱셈
(올림이 있는 (몇십몇)×(몇))

3-1-4
곱셈
((두 자리 수)×(한 자리 수)
종합)

3-2-1
곱셈
(올림이 여러 번 있는 (세 자리 수)×(한 자리 수))

?! 기억해 볼까요?

곱셈을 하세요.

1 20×8＝

2 34×2＝

3 43×3＝

4 79×6＝

30초 개념

(두 자리 수)×(한 자리 수)의 계산에서 올림한 수가 있을 때는 꼭 따로 써 놓아요.

◎ 올림이 한 번 있는 (두 자리 수)×(한 자리 수)

• 십의 자리에서 올림이 있는 곱셈   • 일의 자리에서 올림이 있는 곱셈

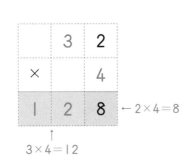

		3	2
	×		4
1	2	8		←2×4＝8

↑
3×4＝12

1 ← 올림한 수

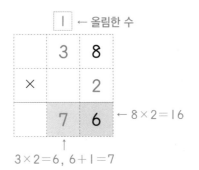

		3	8
	×		2
	7	6		←8×2＝16

↑
3×2＝6, 6+1＝7

◎ 올림이 두 번 있는 (두 자리 수)×(한 자리 수)

4 ← 올림한 수를 써요.

	4	6
×		7
		2	←6×7＝42

28
4

	4	6
×		7
		2

4×7＝28에서 28을 올림한 수 4 위에 써요.

28
4

	4	6
×		7
3	2	2

↑
자리에 맞추어 28+4＝32를 써요.

실수를 줄이는 방법을 참고해서 계산해 보세요.

62

🍗 곱셈을 하세요.

① 　　5 3
　　×　　3

② 　　4 0
　　×　　3

③ 　　7 2
　　×　　4

④ 　　6 4
　　×　　2

⑤ 　　8 1
　　×　　5

⑥ 　　9 2
　　×　　3

올림이 있으면 올림한 수를
꼭 써 놓고 더해야
실수하지 않아요.

⑦ 　　2 6
　　×　　2

⑧ 　　1 8
　　×　　2

⑨ 　　2 3
　　×　　4

⑩ 　　1 7
　　×　　5

⑪ 　　3 8
　　×　　2

⑫ 　　2 5
　　×　　3

⑬ 　　4 5
　　×　　2

⑭ 　　2 9
　　×　　3

개념 다지기

🍗 곱셈을 하세요.

①
```
  3 2
×   6
```

②
```
  2 3
×   8
```

③
```
  3 9
×   4
```

④
```
  4 6
×   3
```

⑤
```
  5 2
×   5
```

⑥
```
  5 9
×   6
```

⑦
```
  2 5
×   8
```

⑧
```
  1 4
×   8
```

⑨
```
  1 7
×   7
```

⑩
```
  6 2
×   9
```

⑪
```
  7 4
×   8
```

⑫
```
  8 6
×   3
```

⑬
```
  9 2
×   5
```

⑭
```
  6 8
×   9
```

⑮
```
  7 6
×   8
```

설명해 보세요

38×7을 세로셈으로 나타내어 계산하고 그 과정을 설명해 보세요.

개념 키우기

🦴 곱셈을 하세요.

①
```
  7 2
×   3
```

②
```
  5 1
×   2
```

③
```
  6 2
×   4
```

④
```
  1 9
×   4
```

⑤
```
  2 7
×   3
```

⑥
```
  4 6
×   2
```

⑦
```
  3 7
×   4
```

⑧
```
  8 3
×   6
```

⑨
```
  9 3
×   4
```

 도전해 보세요

① 빈칸에 알맞은 수를 써넣으세요.

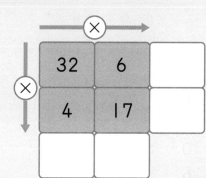

② □ 안에 들어갈 수 있는 자연수를 모두 구하세요.

$$38 \times 3 > 25 \times \square$$

(　　　　　　　　)

기억해 볼까요?

곱셈을 하세요.

① $21 \times 2 =$　　　② $23 \times 3 =$

③ $42 \times 2 =$　　　④ $32 \times 3 =$

30초 개념

일의 자리, 십의 자리, 백의 자리 순서로 곱해요.

◎ **243×2의 계산**

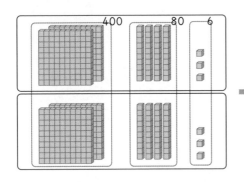
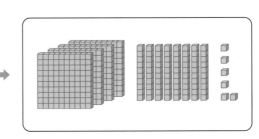

① 일의 자리 계산　　② 십의 자리 계산　　③ 백의 자리 계산

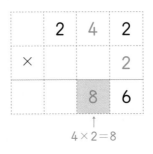
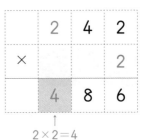

$3 \times 2 = 6$　　　$4 \times 2 = 8$　　　$2 \times 2 = 4$

올림이 없으므로 일의 자리부터
각 자리의 곱을 내려 써요.

$$
\begin{array}{r}
2\ 4\ 3 \\
\times \qquad 2 \\
\hline
6 \quad \leftarrow 3 \times 2 = 6 \\
8\ 0 \quad \leftarrow 40 \times 2 = 80 \\
4\ 0\ 0 \quad \leftarrow 200 \times 2 = 400 \\
\hline
4\ 8\ 6 \quad \leftarrow 6 + 80 + 400 = 486
\end{array}
$$

🍗 곱셈을 하세요.

일의 자리, 십의 자리,
백의 자리 순서로
계산해요.

①

$$\begin{array}{ccc} & 2 & 4 & 1 \\ \times & & & 2 \\ \hline \end{array}$$

③ 2×2 ② 4×2 ① 1×2

②

$$\begin{array}{ccc} & 1 & 0 & 3 \\ \times & & & 3 \\ \hline \end{array}$$

③

$$\begin{array}{ccc} & 3 & 1 & 1 \\ \times & & & 2 \\ \hline \end{array}$$

④

$$\begin{array}{ccc} & 1 & 3 & 2 \\ \times & & & 3 \\ \hline \end{array}$$

⑤

$$\begin{array}{ccc} & 4 & 0 & 0 \\ \times & & & 2 \\ \hline \end{array}$$

⑥

$$\begin{array}{ccc} & 5 & 3 & 6 \\ \times & & & 1 \\ \hline \end{array}$$

⑦

$$\begin{array}{ccc} & 4 & 1 & 3 \\ \times & & & 2 \\ \hline \end{array}$$

⑧

$$\begin{array}{ccc} & 2 & 3 & 2 \\ \times & & & 3 \\ \hline \end{array}$$

⑨

$$\begin{array}{ccc} & 2 & 0 & 4 \\ \times & & & 2 \\ \hline \end{array}$$

⑩

$$\begin{array}{ccc} & 3 & 3 & 3 \\ \times & & & 2 \\ \hline \end{array}$$

⑪

$$\begin{array}{ccc} & 7 & 4 & 9 \\ \times & & & 1 \\ \hline \end{array}$$

⑫

$$\begin{array}{ccc} & 6 & 2 & 7 \\ \times & & & 1 \\ \hline \end{array}$$

⑬

$$\begin{array}{ccc} & 4 & 2 & 3 \\ \times & & & 2 \\ \hline \end{array}$$

⑭

$$\begin{array}{ccc} & 3 & 2 & 3 \\ \times & & & 3 \\ \hline \end{array}$$

세로셈으로 나타내어 곱셈을 하세요.

① 132×2

	1	3	2
×			2

② 303×3

③ 120×4

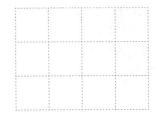

④ 212×4

⑤ 311×3

⑥ 103×3

⑦ 112×4

⑧ 121×3

⑨ 142×2

⑩ 420×2

⑪ 108×1

⑫ 223×3

⑬ 232×2=

⑭ 334×2=

⑮ 907×1=

설명해 보세요

321×3을 덧셈식으로 나타내고 그 합을 구하세요.

🦴 곱셈을 하세요.

①
```
    3 7 5
  ×     1
```

②
```
    1 4 0
  ×     2
```

③
```
    3 0 1
  ×     3
```

④
```
    2 2 2
  ×     4
```

⑤
```
    1 0 4
  ×     2
```

⑥
```
    1 2 2
  ×     4
```

⑦
```
    3 3 2
  ×     2
```

⑧
```
    4 0 0
  ×     2
```

⑨
```
    3 2 0
  ×     3
```

도전해 보세요

① □ 안에 알맞은 수를 써넣으세요.

```
      1 2 2
  ×       □
  ─────────
  □ □ □ 8
```

② 운동장 한 바퀴의 길이는 132 m입니다. 봄이가 운동장을 2바퀴 뛰었다면 봄이가 뛴 거리는 몇 m일까요?

(   ) m

기억해 볼까요?

곱셈을 하세요.

① $13 \times 4 =$

② $12 \times 5 =$

③ $16 \times 5 =$

④ $25 \times 3 =$

30초 개념

일의 자리, 십의 자리, 백의 자리 순서로 계산하고 일의 자리의 곱이 10이거나 10보다 크면 십의 자리로 올림해요.

127×2의 계산

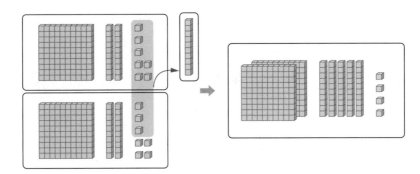

① 일의 자리 계산   ② 십의 자리 계산   ③ 백의 자리 계산

$7 \times 2 = 14$

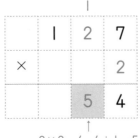
$2 \times 2 = 4,\ 4 + 1 = 5$

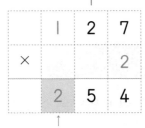
$1 \times 2 = 2$

일의 자리에서 올림한 수는
십의 자리의 곱에 더해요.

🍗 곱셈을 하세요.

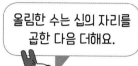

올림한 수는 십의 자리를
곱한 다음 더해요.

1 ☐1

```
    1  2  5
×         2
          0
```

2 ☐

```
    1  0  7
×         3
```

3 ☐

```
    3  2  4
×         3
```

4 ☐

```
    2  1  7
×         4
```

5 ☐

```
    1  1  8
×         5
```

6 ☐

```
    2  2  4
×         4
```

7 ☐

```
    3  1  9
×         3
```

8 ☐

```
    4  4  7
×         2
```

9 ☐

```
    1  0  9
×         8
```

10 ☐

```
    4  3  8
×         2
```

11 ☐

```
    1  1  6
×         5
```

12 ☐

```
    2  2  8
×         3
```

13 ☐

```
    2  2  6
×         2
```

14 ☐

```
    2  1  6
×         4
```

🍗 세로셈으로 나타내어 곱셈을 하세요.

① 109×9

	1	0	9
×			9

② 116×6

③ 219×4

④ 346×2

⑤ 328×3

⑥ 127×3

⑦ 118×4

⑧ 107×4

⑨ 429×2

⑩ 218×5

⑪ 427×3

⑫ 305×8

⑬ 329×2=

⑭ 338×2=

⑮ 447×2=

설명해 보세요

214×3=□×3+□×3+4×□=□에서 □ 안에 알맞은 수를 구하고, 그 과정을 설명해 보세요.

🦴 곱셈을 하세요.

①
```
  1 1 7
×     5
```

②
```
  3 4 8
×     2
```

③
```
  2 1 5
×     5
```

④
```
  1 0 4
×     6
```

⑤
```
  4 2 5
×     2
```

⑥
```
  1 1 2
×     8
```

⑦
```
  2 3 6
×     2
```

⑧
```
  4 0 5
×     2
```

⑨
```
  3 2 7
×     3
```

도전해 보세요

① ☐ 안에 알맞은 수를 써넣으세요.

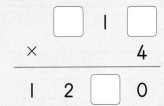

② 봄이는 단백질 음료를 매일 115 g씩 마십니다. 봄이가 5일 동안 마신 단백질 음료는 모두 몇 g일까요?

(   ) g

3-2-1
곱셈
(일의 자리에서 올림이 있는
(세 자리 수)×(한 자리 수))

3-2-1
곱셈
(올림이 여러 번 있는
(세 자리 수)×(한 자리 수))

3-2-1
곱셈
(올림이 여러 번 있는
(몇십몇)×(몇십몇))

기억해 볼까요?

곱셈을 하세요.

1 $118 \times 4 =$

2 $104 \times 6 =$

3 $346 \times 2 =$

4 $425 \times 2 =$

30초 개념

올림이 여러 번 있으면 계산이 복잡하기 때문에 올림한 수를 빠뜨리지 않도록 써 놓아요.

🎯 올림이 두 번 있는 (세 자리 수)×(한 자리 수)

① 일의 자리 계산   ② 십의 자리 계산   ③ 백의 자리 계산

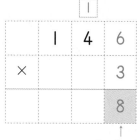 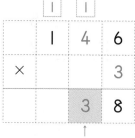 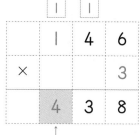

$6 \times 3 = 18$ $4 \times 3 = 12,\ 12 + 1 = 13$ $1 \times 3 = 3,\ 3 + 1 = 4$

🎯 올림이 세 번 있는 (세 자리 수)×(한 자리 수)

① 일의 자리 계산   ② 십의 자리 계산   ③ 백의 자리 계산

$6 \times 4 = 24$ $3 \times 4 = 12,\ 12 + 2 = 14$ $7 \times 4 = 28,\ 28 + 1 = 29$

각 자리의 곱을 정해진 위치에
잘 맞추어 쓰면 실수를 많이
줄일 수 있어요.

🦴 곱셈을 하세요.

올림한 수는 바로 윗자리의
숫자 위에 써요.

①

	□	②	
	2	3	6
×			4
			4

②

	□	□	
	1	7	8
×			3

③

	□		
	4	5	1
×			6

④

	□		
	2	4	0
×			7

⑤

	□	□	
	2	3	3
×			8

⑥

	□	□	
	3	6	3
×			4

⑦

	□	□	
	3	5	9
×			6

⑧

	□	□	
	5	4	6
×			3

⑨

	□	□	
	6	3	9
×			8

⑩

	□		
	5	2	8
×			3

⑪

		□	
	7	2	4
×			4

⑫

	□	□	
	4	4	8
×			7

⑬

	□	□	
	8	2	5
×			8

⑭

	□	□	
	9	2	5
×			5

개념 다지기

세로셈으로 나타내어 곱셈을 하세요.

① 530×4

		5	3	0
	×			4

② 352×4

③ 483×3

④ 748×2

⑤ 625×3

⑥ 527×3

⑦ 382×5

⑧ 453×4

⑨ 527×6

⑩ 705×4

⑪ 197×8

⑫ 289×7

⑬ 829×7=

⑭ 957×9=

⑮ 768×8=

설명해 보세요

635×4를 세로셈으로 나타내어 계산하고 그 과정을 설명해 보세요.

개념 키우기

🦴 곱셈을 하세요.

①
```
    3 2 1
  ×     9
```

②
```
    1 2 9
  ×     5
```

③
```
    1 3 4
  ×     7
```

④
```
    1 9 7
  ×     5
```

⑤
```
    4 5 5
  ×     2
```

⑥
```
    1 3 2
  ×     8
```

⑦
```
    2 4 3
  ×     7
```

⑧
```
    5 6 5
  ×     2
```

⑨
```
    8 3 7
  ×     3
```

도전해 보세요

① □ 안에 들어갈 수 있는 자연수를 모두 구하세요.

$$125 \times \square < 1000$$

(   )

② 봄이네 집에서 학교까지의 거리는 337 m 입니다. 봄이가 집에서 학교까지 걸어갔다 오면 봄이가 걸은 거리는 몇 m일까요?

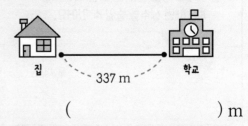

(   ) m

기억해 볼까요?

곱셈을 하세요.

1 $20 \times 4 =$

2 $10 \times 8 =$

3 $30 \times 3 =$

4 $40 \times 2 =$

30초 개념

(몇십)×(몇십)의 계산은 (몇십)×(몇)을 10배 하거나 (몇)×(몇)을 100배 하면 돼요.

◎ (몇십)×(몇십)

20×40을 계산할 때는 20×4의 값을 10배 하거나 2×4의 값을 100배 하면 돼요.

$$20 \times 40 = 20 \times 4 \times 10$$
$$= 80 \times 10$$
$$= 800$$

$$20 \times 40 = 2 \times 4 \times 10 \times 10$$
$$= 8 \times 100$$
$$= 800$$

◎ (몇십몇)×(몇십)

12×30을 계산할 때는 12×3의 값을 10배 하면 돼요.

$$12 \times 30 = 12 \times 3 \times 10$$
$$= 36 \times 10$$
$$= 360$$

세로셈으로 계산할 때 자리를 잘 맞추고 0을 먼저 쓴 다음 나머지를 계산하면 실수를 줄일 수 있어요.

② $2 \times 4 = 8 \rightarrow$ 을 써요.

① 0을 먼저 2개 써요.

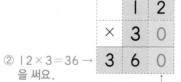

② $12 \times 3 = 36 \rightarrow$ 을 써요.

① 0을 먼저 1개 써요.

곱셈을 하세요.

자리에 맞추어 0을 먼저
2개 쓰고, (몇) × (몇)을
계산해요.

①

```
    3   0
×   2   0
────────
    0   0
```

②

```
    4   0
×   3   0
────────
    0   0
```

③

```
    4   0
×   2   0
────────
```

④

```
    5   0
×   7   0
────────
```

⑤

```
    3   0
×   8   0
────────
```

자리에 맞추어 0을 먼저
1개 쓰고, (몇십몇) × (몇)을
계산해요.

⑥

```
    1   3
×   3   0
────────
        0
```

⑦

```
    1   5
×   7   0
────────
        0
```

⑧

```
    1   5
×   5   0
────────
```

⑨

```
    3   3
×   4   0
────────
```

⑩

```
    4   2
×   5   0
────────
```

⑪

```
    4   0
×   2   3
────────
```

⑫

```
    5   1
×   4   0
────────
```

⑬

```
    6   7
×   3   0
────────
```

개념 다지기

 세로셈으로 나타내어 곱셈을 하세요.

① 30×40

② 60×70

③ 80×50

④ 34×20

⑤ 48×20

⑥ 56×30

⑦ 30×54

⑧ 40×46

⑨ 60×67

⑩ 84×30

⑪ 52×50

⑫ 37×90

⑬ 69×70=

⑭ 27×40=

⑮ 25×90=

설명해 보세요

$32×30=\square×\square×10=\square×10=\square$ 에서 $\square$ 안에 알맞은 수를 구하고, 그 과정을 설명해 보세요.

80

개념 키우기

🦴 곱셈을 하세요.

①
```
    2 0
×   9 0
```

②
```
    8 0
×   6 0
```

③
```
    7 0
×   9 0
```

④
```
    2 0
×   2 5
```

⑤
```
    5 0
×   6 4
```

⑥
```
    7 0
×   1 9
```

⑦
```
    2 6
×   4 0
```

⑧
```
    4 1
×   3 0
```

⑨
```
    9 4
×   3 0
```

 도전해 보세요

① 곱셈을 하세요.

(1) $60 \times 200 =$

(2) $15 \times 300 =$

② 봄이네 반 학생 25명에게 종이를 20장씩 나누어 주었습니다. 나누어 준 종이는 모두 몇 장일까요?

(   )장

3-1-4
곱셈
(올림이 두 번 있는
(몇십몇)×(몇))

3-2-1
곱셈
((몇)×(몇십몇))

3-2-1
곱셈
(올림이 한 번 있는
(몇십몇)×(몇십몇))

기억해 볼까요?

곱셈을 하세요.

① $37 \times 4 =$

② $19 \times 8 =$

③ $45 \times 6 =$

④ $53 \times 4 =$

30초 개념

(몇)×(몇십몇)의 계산은 (몇)×(몇십)과 (몇)×(몇)의 값을 더하면 돼요.

🎯 7×23의 계산

① 일의 자리 계산

		②	
			7
×		2	3
			1

↑
$7 \times 3 = 21$

② 십의 자리 계산

		②	
			7
×		2	3
	1	6	1

↑
$7 \times 2 = 14,\ 14 + 2 = 16$

(몇)×(몇십몇)을
(몇십몇)×(몇)으로
곱하는 순서를 바꾸어
계산해도 결과는 같아요.

			7
×		2	3
		2	1	← $7 \times 3 = 21$
	1	4	0	← $7 \times 20 = 140$
	1	6	1	← $21 + 140 = 161$ →

		2	3
×			7
		2	1	← $3 \times 7 = 21$
	1	4	0	← $20 \times 7 = 140$
	1	6	1

🍗 곱셈을 하세요.

일의 자리 수끼리 먼저 곱하고 올림이 있으면 십의 자리 위에 작게 써요.

① ☐1

```
        4
×   2   4
        6
```

② ☐

```
        8
×   1   2
```

③ ☐

```
        5
×   1   4
```

④ ☐

```
        2
×   2   7
```

⑤ ☐

```
        2
×   4   6
```

⑥ ☐

```
        4
×   3   5
```

⑦ ☐

```
        6
×   5   8
```

⑧ ☐

```
        5
×   3   8
```

⑨ ☐

```
        4
×   4   9
```

⑩ ☐

```
        3
×   6   7
```

⑪ ☐

```
        9
×   3   4
```

⑫ ☐

```
        8
×   7   6
```

⑬ ☐

```
        7
×   8   7
```

⑭ ☐

```
        9
×   7   8
```

개념 다지기

🍗 세로셈으로 나타내어 곱셈을 하세요.

1 3×25

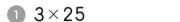

2 8×12

3 4×23

4 5×41

5 8×51

6 4×62

7 5×22

8 9×23

9 7×58

10 6×37

11 9×48

12 4×79

13 $7 \times 78 =$

14 $6 \times 68 =$

15 $3 \times 69 =$

설명해 보세요

$5 \times 67 = 5 \times \square + \square \times 7 = \square$ 에서 $\square$ 안에 알맞은 수를 구하고, 그 과정을 설명해 보세요.

개념 키우기

🦴 곱셈을 하세요.

①
```
      3
  ×  3 8
```

②
```
      5
  ×  4 5
```

③
```
      4
  ×  7 8
```

④
```
      7
  ×  8 9
```

⑤
```
      6
  ×  8 7
```

⑥
```
      9
  ×  2 4
```

⑦
```
      7
  ×  7 4
```

⑧
```
      2
  ×  6 5
```

⑨
```
      5
  ×  5 6
```

도전해 보세요

① □ 안에 알맞은 수를 써넣으세요.

```
        8
  ×  1 □
  ─────
  1 □ 6
```

② 사과가 한 상자에 6개씩 들어 있습니다. 18상자에 들어 있는 사과는 모두 몇 개일까요?

(   )개

기억해 볼까요?

곱셈을 하세요.

① $17 \times 4 =$

② $21 \times 8 =$

③ $43 \times 3 =$

④ $52 \times 4 =$

30초 개념

(몇십몇)=(몇십)+(몇)이에요. (몇십몇)×(몇십몇)의 계산은 곱하는 수 몇십몇을 몇십과 몇으로 나누어 계산한 다음 더해요.

🎯 12×28의 계산

12×28은 12×8과 12×20을 각각 계산하여 그 값을 더합니다.

① 12×8의 계산

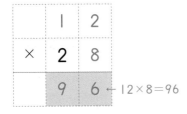

$\leftarrow 12 \times 8 = 96$

② 12×20의 계산

$\leftarrow 12 \times 20 = 240$

③ ①과 ②의 합

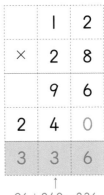

$\uparrow$
$96 + 240 = 336$

세로로 계산할 때 (몇십몇)×(몇십)의
값에서 0은 생략해도 돼요.
단, 실수하지 않도록 주의하세요.

$12 \times 20 = 240 \rightarrow$

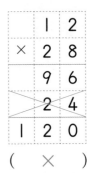

(○)　　(×)

86

🍗 곱셈을 하세요.

> 일의 자리 수끼리 먼저 곱하고 올림이 있으면 십의 자리 위에 작게 써요.

①

```
      2  4
×     1  3
      2
      0   ← 0은 생략해도 돼요.
```

②

```
      1  2
×     1  8
```

③

```
      1  3
×     3  4
```

④

```
      2  3
×     2  4
```

⑤

```
      2  5
×     1  2
```

⑥

```
      3  1
×     2  4
```

⑦

```
      4  3
×     1  3
```

⑧

```
      5  3
×     1  2
```

⑨

```
      2  4
×     3  2
```

⑩

```
      3  5
×     2  1
```

⑪

```
      2  3
×     4  3
```

개념 다지기

🍗 세로셈으로 나타내어 곱셈을 하세요.

① 12×16

	1	2
×	1	6

② 19×15

③ 13×26

④ 32×24

⑤ 61×13

⑥ 74×12

⑦ 13×43

⑧ 36×21

⑨ 27×31

⑩ 32×42=

⑪ 31×52=

⑫ 51×71=

설명해 보세요

63×32를 세로셈으로 나타내어 계산하고 그 과정을 설명해 보세요.

개념 키우기

🦴 곱셈을 하세요.

① 　　2 7
　　× 1 3

② 　　4 5
　　× 1 2

③ 　　5 3
　　× 1 3

④ 　　5 2
　　× 1 4

⑤ 　　1 2
　　× 7 4

⑥ 　　7 3
　　× 1 3

⑦ 　　3 2
　　× 4 1

⑧ 　　4 3
　　× 3 2

⑨ 　　2 1
　　× 6 4

도전해 보세요

① 알림장이 12권씩 35묶음 있습니다. 알림장은 모두 몇 권일까요?

　　　　(　　　　　　　　)권

② 수 카드 [2], [3], [4]를 한 번씩만 사용하여 다음 식을 곱이 가장 큰 곱셈식으로 만드세요.

　　　　　　□ 2
　　　× □ □

20 올림이 여러 번 있는 (몇십몇)×(몇십몇)

기억해 볼까요?

곱셈을 하세요.

1 $19 \times 15 =$

2 $43 \times 13 =$

3 $45 \times 12 =$

4 $21 \times 63 =$

30초 개념

(몇십몇)×(몇십몇)의 계산은 곱하는 수 몇십몇을 몇십과 몇으로 나누어 곱한 다음 더해요.

🎯 27×35의 계산

27×35는 27×5와 27×30을 각각 계산하여 그 값을 더합니다.

① 27×5의 계산

	2	7
×	3	5
1	3	5

$27 \times 5 = 135$

② 27×30의 계산

	2	7
×	3	5
1	3	5
8	1	0

$\leftarrow 27 \times 30 = 810$

③ ①과②의 합

	2	7
×	3	5
1	3	5
8	1	0
9	4	5

$135 + 810 = 945$

올림이 있는 곱셈에서는 올림한 수를 잘 기억해야 해요. 잊어버리지 않도록 윗자리에 작게 쓰면서 계산해요.

2	3	
	2	7
×	3	5
1	3	5
8	1	0
9	4	5

$\leftarrow 27 \times 5 = 135$
$\leftarrow 27 \times 30 = 810$
$\leftarrow 135 + 810 = 945$

🍗 곱셈을 하세요.

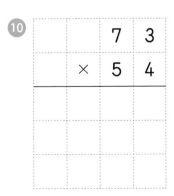

(몇십몇) × (몇)을 계산하고
(몇십몇) × (몇십)을
계산해서 더해요.

①

```
      1  4
×     3  5
─────────────
      7  0   ← 14×5
   4  2      ← 14×30
─────────────
```

②

```
      3  5
×     4  2
```

③

```
      4  2
×     2  6
```

④

```
      3  4
×     5  2
```

⑤

```
      6  3
×     4  5
```

⑥

```
      3  2
×     3  6
```

⑦

```
      5  6
×     4  3
```

⑧

```
      6  2
×     4  5
```

⑨

```
      2  7
×     3  6
```

⑩

```
      7  3
×     5  4
```

⑪

```
      8  3
×     4  6
```

개념 다지기

🍗 세로셈으로 나타내어 곱셈을 하세요.

① 23×56

		2	3
	×	5	6

② 46×32

③ 36×25

④ 49×47

⑤ 39×34

⑥ 74×38

⑦ 58×63

⑧ 67×48

⑨ 29×41

⑩ 84×57=

⑪ 34×56=

⑫ 59×75=

설명해 보세요

45×67을 세로셈으로 나타내어 계산하고 그 과정을 설명해 보세요.

개념 키우기

🦴 곱셈을 하세요.

1
```
    3 5
  × 2 4
```

2
```
    4 9
  × 2 6
```

3
```
    2 5
  × 5 4
```

4
```
    5 3
  × 4 8
```

5
```
    2 7
  × 2 8
```

6
```
    6 4
  × 8 5
```

7
```
    7 2
  × 7 8
```

8
```
    8 3
  × 6 3
```

9
```
    9 3
  × 2 5
```

도전해 보세요

1 과수원에서 사과를 수확하여 한 상자에 35개씩 넣었더니 39상자가 되었습니다. 수확한 사과는 모두 몇 개일까요?

(　　　　　)개

2 어떤 수에 63을 곱해야 할 것을 잘못하여 더했더니 135가 되었습니다. 바르게 계산한 값은 얼마일까요?

(　　　　　)

3-2-1
곱셈
((몇십몇)×(몇))

3-2-1
곱셈
((몇십몇)×(몇십몇))

4-1-3
곱셈
((세 자리 수)×(두 자리 수))

?! 기억해 볼까요?

곱셈을 하세요.

① $17 \times 36 =$

② $37 \times 42 =$

③ $46 \times 53 =$

④ $71 \times 65 =$

30초 개념

(몇십몇)×(몇십몇)을 계산할 때 각 자리의 곱을 알맞은 위치에 써야 실수하지 않아요.

◎ 27×35의 계산 원리

27×35의 계산 원리를 그림으로 알아보아요.

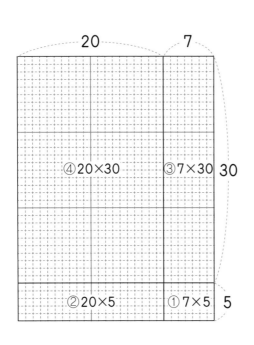

① 7×5의 계산

$$\begin{array}{r} {}^{3}\ \ 2\ 7 \\ \times\ 3\ 5 \\ \hline 5 \end{array}$$

② 20×5의 계산

$$\begin{array}{r} {}^{3}\ \ 2\ 7 \\ \times\ 3\ 5 \\ \hline 1\ 3\ 5 \end{array}$$

③ 7×30의 계산

$$\begin{array}{r} {}^{2}\ \ 2\ 7 \\ \times\ 3\ 5 \\ \hline 1\ 3\ 5 \\ 1\ 0 \end{array}$$

④ 20×30의 계산

$$\begin{array}{r} {}^{2}\ \ 2\ 7 \\ \times\ 3\ 5 \\ \hline 1\ 3\ 5 \\ 8\ 1\ 0 \\ \hline 9\ 4\ 5 \end{array}$$

↑
$135 + 810 = 945$

🍗 곱셈을 하세요.

① 　　2 0
　　× 3 0

② 　　2 5
　　× 4 0

③ 　　5 0
　　× 3 2

④ 　　5 2
　　× 5 0

⑤ 　　5 0
　　× 3 0

⑥ 　　7 4
　　× 1 0

⑦ 　　1 3
　　× 7 0

⑧ 　　2 6
　　× 3 0

⑨ 　　7 0
　　× 4 0

⑩ 　　8 4
　　× 2 0

⑪ 　　6 0
　　× 3 5

⑫ 　　2 9
　　× 2 0

⑬ 　　3 7
　　× 9 0

⑭ 　　3 0
　　× 7 3

⑮ 　　1 9
　　× 5 0

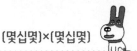

개념 다지기

🦴 곱셈을 하세요.

①   1 2
   × 7 4

②   4 9
   × 2 2

③   2 4
   × 2 3

④   3 8
   × 1 2

⑤   2 6
   × 3 1

⑥   1 5
   × 1 5

⑦   3 9
   × 4 5

⑧   5 8
   × 4 7

⑨   3 7
   × 9 5

⑩   4 2
   × 7 6

⑪   2 7
   × 8 4

⑫   6 3
   × 9 4

설명해 보세요

$24 \times 25 = \square \times 25 + \square \times 25 = \square$ 에서 $\square$ 안에 알맞은 수를 구하고, 그 과정을 설명해 보세요.

개념 키우기

🦴 곱셈을 하세요.

1
```
    5 0
×   2 0
```

2
```
    4 0
×   3 6
```

3
```
    2 0
×   6 5
```

4
```
    1 6
×   2 2
```

5
```
    3 5
×   2 1
```

6
```
    4 3
×   2 3
```

7
```
    5 3
×   3 5
```

8
```
    2 4
×   7 4
```

9
```
    5 6
×   4 4
```

도전해 보세요

1 하루는 24시간이고, 1시간은 60분입니다. 하루는 몇 분일까요?

(   )분

2 가을이는 하루에 25분씩 줄넘기를 합니다. 가을이가 8월 한 달 동안 줄넘기를 한 시간은 모두 몇 분일까요?

(   )분

기억해 볼까요?

곱셈을 하세요.

① $213 \times 2 =$

② $30 \times 80 =$

③ $46 \times 30 =$

④ $62 \times 20 =$

30초 개념

(세 자리 수)×(몇십)의 계산에서는 먼저 곱하는 두 수의 0을 모두 써요.

◎ (몇백)×(몇십)

300×20을 계산할 때는 3×2의 값을 1000배 하면 돼요.

$$300 \times 20 = 3 \times 100 \times 2 \times 10$$
$$= 3 \times 2 \times 1000$$
$$= 6000$$

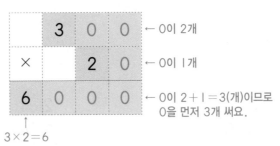

	3	0	0	← 0이 2개
×		2	0	← 0이 1개
6	0	0	0	← 0이 2+1=3(개)이므로 0을 먼저 3개 써요.

↑
$3 \times 2 = 6$

◎ (세 자리 수)×(몇십)

342×20을 계산할 때는 342×2의 값을 10배 하면 돼요.

$$342 \times 20 = 342 \times 2 \times 10$$
$$= 684 \times 10$$
$$= 6840$$

	3	4	2	
×		2	0	← 0이 1개
6	8	4	0	← 0을 먼저 1개 써요.

↑
$342 \times 2 = 684$

일의 자리부터 0을 개수만큼 쓴 다음 순서대로 계산하면 쉽게 계산할 수 있어요.

🦴 곱셈을 하세요.

일의 자리부터 0을 쓴
다음 순서대로 계산해요.

①

$$
\begin{array}{r}
2\ 0\ 0 \\
\times\quad 3\ 0 \\
\hline
0\ 0\ 0
\end{array}
$$

②

$$
\begin{array}{r}
2\ 3\ 1 \\
\times\quad 3\ 0 \\
\hline
0
\end{array}
$$

③

$$
\begin{array}{r}
4\ 0\ 0 \\
\times\quad 2\ 0 \\
\hline
\end{array}
$$

④

$$
\begin{array}{r}
3\ 0\ 0 \\
\times\quad 3\ 0 \\
\hline
\end{array}
$$

⑤

$$
\begin{array}{r}
2\ 0\ 0 \\
\times\quad 4\ 0 \\
\hline
\end{array}
$$

⑥

$$
\begin{array}{r}
1\ 3\ 2 \\
\times\quad 2\ 0 \\
\hline
\end{array}
$$

⑦

$$
\begin{array}{r}
2\ 1\ 3 \\
\times\quad 2\ 0 \\
\hline
\end{array}
$$

⑧

$$
\begin{array}{r}
1\ 2\ 0 \\
\times\quad 4\ 0 \\
\hline
\end{array}
$$

⑨

$$
\begin{array}{r}
3\ 0\ 2 \\
\times\quad 3\ 0 \\
\hline
\end{array}
$$

⑩

$$
\begin{array}{r}
3\ 3\ 0 \\
\times\quad 2\ 0 \\
\hline
\end{array}
$$

⑪

$$
\begin{array}{r}
4\ 5\ 6 \\
\times\quad 1\ 0 \\
\hline
\end{array}
$$

⑫

$$
\begin{array}{r}
2\ 2\ 2 \\
\times\quad 4\ 0 \\
\hline
\end{array}
$$

⑬

$$
\begin{array}{r}
8\ 9\ 0 \\
\times\quad 1\ 0 \\
\hline
\end{array}
$$

⑭

$$
\begin{array}{r}
1\ 4\ 3 \\
\times\quad 2\ 0 \\
\hline
\end{array}
$$

개념 다지기

🍗 세로셈으로 나타내어 곱셈을 하세요.

① 400×30

		4	0	0
	×		3	0
		0	0	0

② 213×40

		2	1	3
	×		4	0
				0

③ 800×50

④ 250×30

⑤ 320×70

⑥ 432×40

⑦ 240×80

⑧ 270×40

⑨ 257×50

⑩ 454×70

⑪ 532×60

⑫ 352×90

⑬ 629×50=

⑭ 736×40=

⑮ 861×90=

설명해 보세요

256×20=256×□×10=□×10=□에서 □ 안에 알맞은 수를 구하고, 그 과정을 설명해 보세요.

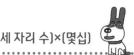

개념 키우기

🦴 곱셈을 하세요.

①
```
    3 0 0
  ×   9 0
```

②
```
    2 0 0
  ×   8 0
```

③
```
    9 0 0
  ×   6 0
```

④
```
    3 6 0
  ×   4 0
```

⑤
```
    5 2 7
  ×   5 0
```

⑥
```
    7 4 3
  ×   3 0
```

⑦
```
    2 8 3
  ×   9 0
```

⑧
```
    6 5 2
  ×   4 0
```

⑨
```
    8 1 5
  ×   8 0
```

도전해 보세요

① 잘못된 부분을 찾아 바르게 계산하세요.

```
      4 7 3
  ×     5 0
  ─────────
      0 0 0
    2 3 6 5
  ─────────
    2 3 6 5
```
→ 바른 계산

② 연필이 한 상자에 240자루씩 들어 있습니다. 50상자에 들어 있는 연필은 모두 몇 자루일까요?

(   )자루

기억해 볼까요?

곱셈을 하세요.

① 200×30=

② 132×20=

③ 250×40=

④ 362×50=

30초 개념

(세 자리 수)×(두 자리 수)의 계산은 곱하는 두 자리 수를 일의 자리 수와 십의 자리 수로 나누어 각각 계산한 다음 더해요.

◎ 132×23의 계산

132×23은 곱하는 수 23을 20과 3으로 나누어 132×3과 132×20을 각각 계산하고 그 값을 더합니다.

① 132×3의 계산

	1	3	2
×		2	3
	3	9	6

↑
132×3=396

② 132×20의 계산

	1	3	2
×		2	3
		3	9	6
2	6	4	0

↑
132×2=264

③ ①과 ②의 합

	1	3	2
×		2	3
	3	9	6
2	6	4	0
3	0	3	6

↑
396+2640=3036

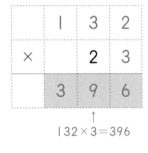

곱하는 두 자리 수 23은 20＋3과 같아요. 132×20과 132×3을 구한 다음 더해요.

$$132×23 \begin{cases} 132×20=2640 \\ + \\ 132× \ 3= \ \ 396 \end{cases} =3036$$

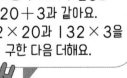

🍗 곱셈을 하세요.

곱하는 두 자리 수를
몇십과 몇으로 나누어
곱한 다음 더해요.

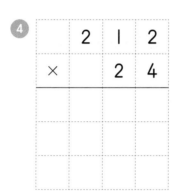

①

	1	2	4
×		1	2

②

	1	3	2
×		3	1

③

	2	1	1
×		3	4

④

	2	1	2
×		2	4

⑤

	2	3	1
×		3	3

⑥

	3	3	2
×		2	3

⑦

	3	2	4
×		1	2

⑧

	3	1	2
×		3	2

⑨

	4	1	1
×		1	2

⑩

	4	3	3
×		2	2

⑪

	4	6	5
×		1	1

🍗 세로셈으로 나타내어 곱셈을 하세요.

① 200×43

	2	0	0
×		4	3

② 121×24

③ 133×32

④ 212×43

⑤ 232×32

⑥ 241×21

⑦ 314×22

⑧ 323×23

⑨ 311×32

⑩ 421×12=

⑪ 442×22=

⑫ 433×21=

설명해 보세요

123×32=□×30+123×□=□에서 □ 안에 알맞은 수를 구하고, 그 과정을 설명해 보세요.

104

개념 키우기

🦴 곱셈을 하세요.

①
```
    3 0 0
  ×   3 2
```

②
```
    2 1 0
  ×   4 2
```

③
```
    3 2 3
  ×   3 3
```

④
```
    2 4 4
  ×   2 1
```

⑤
```
    2 3 1
  ×   3 2
```

⑥
```
    3 3 4
  ×   2 2
```

⑦
```
    1 1 2
  ×   4 3
```

⑧
```
    4 3 3
  ×   1 2
```

⑨
```
    4 0 2
  ×   1 2
```

도전해 보세요

① ☐ 안에 알맞은 수를 써넣으세요.

```
      3 ☐ ☐
    ×   2 ☐
    ─────────
      9 6 3
    6 ☐ 2
    ─────────
    7 ☐ 8 3
```

② 봄이네 학교 학생들이 하루에 마시는 우유의 수는 221개입니다. 학생들이 31일 동안 마신 우유는 모두 몇 개일까요?

(   )개

?! 기억해 볼까요?

곱셈을 하세요.

1 $212 \times 43 =$

2 $142 \times 22 =$

3 $324 \times 12 =$

4 $442 \times 21 =$

30초 개념

(세 자리 수)×(두 자리 수)의 계산은 곱하는 두 자리 수를 일의 자리 수와 십의 자리 수로 나누어 각각 계산한 다음 더해요. 올림이 있으면 바로 윗자리에 작게 써요.

◎ 264×56의 계산

264×56은 곱하는 수 56을 50과 6으로 나누어 264×6과 264×50을 각각 계산하고 그 값을 더합니다.

① 264×6의 계산　　② 264×50의 계산　　③ ①과 ②의 합

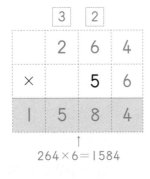

$264 \times 6 = 1584$

$264 \times 5 = 1320$

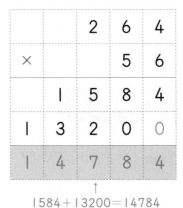

$1584 + 13200 = 14784$

곱하는 두 자리 수 56은
50＋6과 같아요.
264×50과 264×6을
구한 다음 더해요.

$$264 \times 56 \left\langle \begin{array}{c} 264 \times 50 = 13200 \\ + \\ 264 \times 6 = 1584 \end{array} \right\rangle = 14784$$

🍗 곱셈을 하세요.

곱하는 두 자리 수를
몇십과 몇으로 나누어
곱한 다음 더해요.

①
```
      1 5 6
  ×     8 5
```

②
```
      3 8 5
  ×     3 4
```

③
```
      2 8 3
  ×     6 5
```

④
```
      2 6 9
  ×     5 7
```

⑤
```
      3 4 6
  ×     8 6
```

⑥
```
      5 1 8
  ×     3 7
```

⑦
```
      6 4 9
  ×     5 2
```

⑧
```
      7 4 6
  ×     8 2
```

⑨
```
      4 2 9
  ×     8 5
```

⑩
```
      8 0 9
  ×     2 9
```

⑪
```
      9 1 3
  ×     4 1
```

개념 다지기

 세로셈으로 나타내어 곱셈을 하세요.

① 253×54

② 145×83

③ 350×49

④ 347×65

⑤ 468×52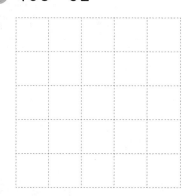

⑥ 533×25

⑦ 605×92

⑧ 649×45

⑨ 745×25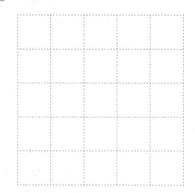

⑩ 826×53=

⑪ 972×64=

⑫ 649×73=

설명해 보세요

243×45=□×40+243×□=□에서 □ 안에 알맞은 수를 구하고, 그 과정을 설명해 보세요.

개념 키우기

🦴 곱셈을 하세요.

①
```
    5 0 6
  ×   3 5
```

②
```
    1 9 6
  ×   8 4
```

③
```
    6 9 7
  ×   4 3
```

④
```
    8 4 5
  ×   3 9
```

⑤
```
    4 8 3
  ×   6 9
```

⑥
```
    2 9 0
  ×   8 3
```

⑦
```
    3 5 6
  ×   5 4
```

⑧
```
    9 3 5
  ×   7 3
```

⑨
```
    7 2 6
  ×   6 2
```

 도전해 보세요

① 곱셈을 하세요.

		6	5	1	0
	×			5	4

② 가을이는 매일 아침 35분씩 걷기 운동을 합니다. 1년 동안 빠짐없이 운동을 한다면 가을이가 아침에 걷기 운동을 한 시간은 모두 몇 분일까요?

(   )분

?! 기억해 볼까요?

곱셈을 하세요.

① 154×40=

② 400×40=

③ 342×22=

④ 653×73=

30초 개념

(세 자리 수)×(두 자리 수)의 계산은 곱하는 두 자리 수를 십의 자리 수와 일의 자리 수로 나누어 계산하고 더해요. 곱을 세로로 쓸 때 자릿값의 위치에 맞추어 수를 써요.

🎯 (몇백)×(몇십)

200×30을 계산할 때는
2×3의 값을 1000배 하면 돼요.

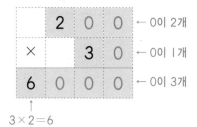

$3×2=6$

🎯 (세 자리 수)×(몇십)

213×20을 계산할 때는
213×2의 값을 10배 하면 돼요.

$213×2=426$

🎯 (세 자리 수)×(두 자리 수)

256×54는 곱하는 수 54를 50과 4로 나누어 256×4와 256×50을 각각 계산하고 그 값을 더합니다.

		2	5	6			2	5	6				2	5	6
	×		5	4		×			4		×			5	0
	1	0	2	4	←	1	0	2	4		1	2	8	0	0
1	2	8	0	0											
1	3	8	2	4											

🍗 곱셈을 하세요.

① $$\begin{array}{r} 400 \\ \times\ \ 20 \\ \hline \end{array}$$

② $$\begin{array}{r} 600 \\ \times\ \ 50 \\ \hline \end{array}$$

③ $$\begin{array}{r} 900 \\ \times\ \ 70 \\ \hline \end{array}$$

④ $$\begin{array}{r} 430 \\ \times\ \ 20 \\ \hline \end{array}$$

⑤ $$\begin{array}{r} 550 \\ \times\ \ 20 \\ \hline \end{array}$$

⑥ $$\begin{array}{r} 570 \\ \times\ \ 60 \\ \hline \end{array}$$

⑦ $$\begin{array}{r} 212 \\ \times\ \ 43 \\ \hline \end{array}$$

⑧ $$\begin{array}{r} 133 \\ \times\ \ 23 \\ \hline \end{array}$$

⑨ $$\begin{array}{r} 431 \\ \times\ \ 12 \\ \hline \end{array}$$

⑩ $$\begin{array}{r} 473 \\ \times\ \ 56 \\ \hline \end{array}$$

⑪ $$\begin{array}{r} 528 \\ \times\ \ 47 \\ \hline \end{array}$$

⑫ $$\begin{array}{r} 653 \\ \times\ \ 55 \\ \hline \end{array}$$

개념 다지기

🍗 곱셈을 하세요.

①
```
    6 0 5
  ×   4 8
```

②
```
    7 2 8
  ×   4 9
```

③
```
    4 3 4
  ×   3 3
```

④
```
    7 5 9
  ×   8 8
```

⑤
```
    2 9 7
  ×   8 2
```

⑥
```
    6 4 8
  ×   6 4
```

⑦
```
    4 5 5
  ×   7 3
```

⑧
```
    8 0 9
  ×   5 0
```

⑨
```
    7 5 0
  ×   4 0
```

⑩
```
    3 6 8
  ×   7 0
```

⑪
```
    8 0 8
  ×   5 2
```

⑫
```
    5 8 3
  ×   9 7
```

설명해 보세요

235×43=235×□+□×3=□에서 □ 안에 알맞은 수를 구하고, 그 과정을 설명해 보세요.

개념 키우기

🦴 곱셈을 하세요.

①
```
    9 0 0
  ×   8 0
```

②
```
    2 8 0
  ×   9 0
```

③
```
    4 1 3
  ×   2 1
```

④
```
    6 7 5
  ×   1 1
```

⑤
```
    4 7 5
  ×   7 5
```

⑥
```
    5 0 8
  ×   8 5
```

⑦
```
    8 0 9
  ×   5 9
```

⑧
```
    9 4 8
  ×   8 2
```

⑨
```
    3 7 5
  ×   9 3
```

도전해 보세요

① 봄이가 하루에 줄넘기를 250번씩 하면 4주 동안에는 줄넘기를 모두 몇 번 할까요?

(   )번

② 심박수란 우리의 심장이 1분 동안 실제로 뛴 횟수를 말합니다. 가을이의 심박수가 70번이면 2시간 동안 가을이의 심장이 뛴 심박수는 몇 번일까요?

(   )번

3장 > 나눗셈

무엇을 배우나요? ···································

- 내림이 없는, 내림이 있는 (몇십)÷(몇), (몇십몇)÷(몇)의 몫을 구할 수 있어요.
- 나머지가 없는 (세 자리 수)÷(한 자리 수)의 몫을 구할 수 있어요.
- 나머지가 있는 (세 자리 수)÷(한 자리 수)의 몫과 나머지를 구할 수 있어요.
- 나눗셈 계산이 맞는지 확인할 수 있어요.
- 몫이 한 자리 수인 (두 자리 수)÷(두 자리 수), (세 자리 수)÷(두 자리 수)의 몫을 구할 수 있어요.
- 몫이 두 자리 수이고 나누어떨어지는 (세 자리 수)÷(두 자리 수)의 몫을 구할 수 있어요.
- 몫이 두 자리 수이고 나머지가 있는 (세 자리 수)÷(두 자리 수)의 몫을 구할 수 있어요.

2-1-6
곱셈
묶어 세기
2의 몇 배
곱셈식 알아보기
곱셈식으로 나타내기

3-1-4
곱셈
(몇십)×(몇)
올림이 없는, 올림이 있는
(몇십몇)×(몇)

3-2-2
나눗셈
(몇십)÷(몇)
(몇십몇)÷(몇)
(세 자리 수)÷(한 자리 수)
나머지가 있는
(세 자리 수)÷(한 자리 수)
계산이 맞는지 확인하기

2-2-2
곱셈구구
2~9단 곱셈구구
1단 곱셈구구와 0의 곱
곱셈표 만들기

3-2-1
곱셈
올림이 없는, 올림이 있는
(세 자리 수)×(한 자리 수)
(몇십)×(몇십),
(몇십몇)×(몇십),
(몇)×(몇십몇)
올림이 있는
(몇십몇)×(몇십몇)

4-1-3
곱셈과 나눗셈
몇십으로 나누기
몇십몇으로 나누기
(세 자리 수)÷(두 자리 수)

3-1-3
나눗셈
똑같이 나누기
곱셈과 나눗셈의 관계
나눗셈의 몫을
곱셈으로 구하기

4-1-3
곱셈과 나눗셈
(세 자리 수)×(몇십)
(세 자리 수)×(두 자리 수)

3장 나눗셈	초등 2학년 (31일 진도)	초등 3학년 (17일 진도)	초등 4학년 (12일 진도)
	하루 한 단계씩 공부해요.	하루 두 단계씩 공부해요.	하루 세 단계씩 공부해요.

권장 진도표에 맞춰 공부하고, 공부한 단계에 해당하는 조각에 색칠하세요.

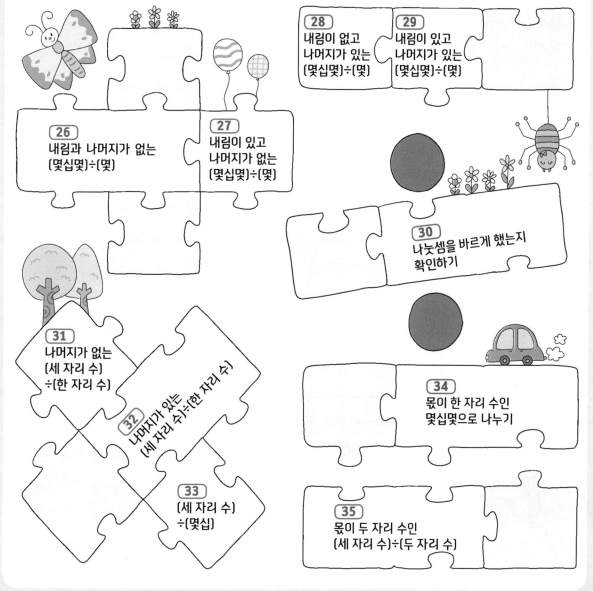

26 내림과 나머지가 없는 (몇십몇)÷(몇)

27 내림이 있고 나머지가 없는 (몇십몇)÷(몇)

28 내림이 없고 나머지가 있는 (몇십몇)÷(몇)

29 내림이 있고 나머지가 있는 (몇십몇)÷(몇)

30 나눗셈을 바르게 했는지 확인하기

31 나머지가 없는 (세 자리 수)÷(한 자리 수)

32 나머지가 있는 (세 자리 수)÷(한 자리 수)

33 (세 자리 수)÷(몇십)

34 몫이 한 자리 수인 몇십몇으로 나누기

35 몫이 두 자리 수인 (세 자리 수)÷(두 자리 수)

기억해 볼까요?

□ 안에 알맞은 수를 써넣으세요.

1 $7 \times \boxed{} = 42$

→ $42 \div 7 = \boxed{}$

2 $3 \times \boxed{} = 27$

→ $27 \div 3 = \boxed{}$

30초 개념

내림과 나머지가 없는 (몇십몇)÷(몇)의 계산은 십의 자리 수와 일의 자리 수를 구분해서 나눗셈해요.

◎ 68÷2의 계산

십의 자리 일의 자리

나누는 수   나누어지는 수

자릿값에 맞추어
수를 써요.

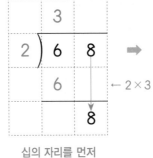

← 2×3

십의 자리를 먼저
나누어요.
$6 \div 2 = 3$

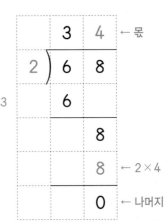

← 몫

← 2×4

← 나머지

일의 자리를
나누어요.
$8 \div 2 = 4$

나머지가 0이면
나누어떨어진다고 해요.

$$68 \div 2 = 34 \cdots 0$$

몫   나누어떨어진다.

월 일 ☆☆☆☆☆

나눗셈을 하세요.

① $3\overline{)69}$

② $2\overline{)48}$

③ $4\overline{)84}$

④ $2\overline{)26}$

⑤ $3\overline{)36}$

⑥ $4\overline{)40}$

⑦ $8\overline{)88}$

⑧ $2\overline{)62}$

⑨ $6\overline{)60}$

개념 다지기

 세로셈으로 나타내어 나눗셈을 하세요.

① 96÷3

② 86÷2

③ 24÷2

④ 48÷4=

⑤ 66÷3=

⑥ 80÷2=

⑦ 66÷2=

⑧ 99÷9=

⑨ 70÷7=

설명해 보세요

82÷2를 세로셈으로 나타내어 계산하고 그 과정을 설명해 보세요.

🦴 바르게 나눗셈한 것을 따라 선을 그어 보세요.

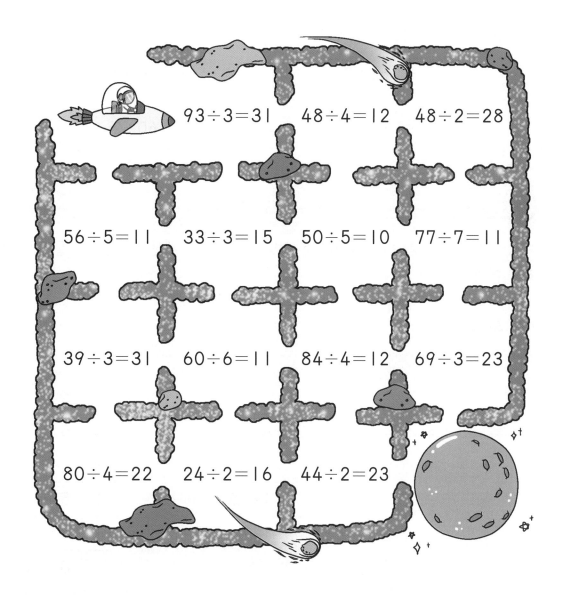

$93 \div 3 = 31$ $48 \div 4 = 12$ $48 \div 2 = 28$

$56 \div 5 = 11$ $33 \div 3 = 15$ $50 \div 5 = 10$ $77 \div 7 = 11$

$39 \div 3 = 31$ $60 \div 6 = 11$ $84 \div 4 = 12$ $69 \div 3 = 23$

$80 \div 4 = 22$ $24 \div 2 = 16$ $44 \div 2 = 23$

도전해 보세요

🐾 주어진 나눗셈의 몫을 큰 순서대로 쓰세요.

❶
$39 \div 3$	$48 \div 4$
$28 \div 2$	$50 \div 5$

❷
$84 \div 4$	$48 \div 2$
$69 \div 3$	$99 \div 9$

(   )   (   )

3-2-2
나눗셈
(내림과 나머지가 없는
(몇십몇)÷(몇))

3-2-2
나눗셈
(내림이 있고 나머지가 없는
(몇십몇)÷(몇))

3-2-2
나눗셈
(내림이 없고 나머지가 있는
(몇십몇)÷(몇))

기억해 볼까요?

나눗셈을 하세요.

① $63÷3=$

② $46÷2=$

③ $48÷4=$

④ $60÷2=$

30초 개념

내림이 있는 (몇십몇)÷(몇)의 계산은 십의 자리를 먼저 계산하고 남은 수를 일의 자리와 더해요.

🎯 $45÷3$의 계산

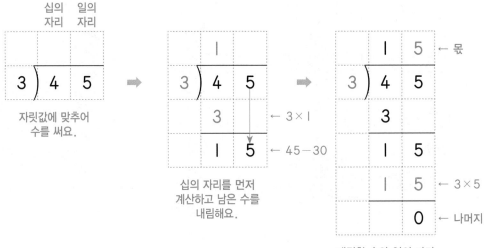

십의 자리를 먼저
계산하고 남은 수를
내림해요.

내림한 수와 일의 자리
수를 함께 나누어요.

자릿값에 맞추어
수를 써요.

$$45÷3=15 \cdots 0$$

몫   나누어떨어진다.

45를 30과 15로 나누어 계산할 수도 있어요!

$$45 \begin{cases} 30÷3=10 \\ 15÷3=5 \end{cases} → 10+5=15$$

월 일 ☆☆☆☆☆

나눗셈을 하세요.

① $4\overline{)56}$

② $3\overline{)57}$

③ $2\overline{)76}$

④ $5\overline{)75}$

⑤ $6\overline{)84}$

⑥ $3\overline{)48}$

⑦ $5\overline{)60}$

⑧ $7\overline{)91}$

⑨ $4\overline{)68}$

개념 다지기

🍗 세로셈으로 나타내어 나눗셈을 하세요.

① 72÷3

② 36÷2

③ 96÷8

④ 90÷6=

⑤ 76÷4=

⑥ 80÷5=

⑦ 54÷2=

⑧ 84÷7=

⑨ 42÷3=

설명해 보세요

75÷3을 세로셈으로 나타내어 계산하고 그 과정을 설명해 보세요.

개념 키우기

🦴 몫이 같은 것끼리 선으로 이어 보세요.

36÷2 ●	● 68÷4
51÷3 ●	● 72÷4
92÷4 ●	● 64÷2
96÷3 ●	● 69÷3

🐾 빵이 72개 있습니다. 물음에 답하세요.

1 3명이 똑같이 나누어 먹으면 한 명이 몇 개씩 먹을 수 있을까요?

(   )개

2 4명이 똑같이 나누어 먹으면 한 명이 몇 개씩 먹을 수 있을까요?

(   )개

3 6개씩 나누어 먹으면 몇 명이 먹을 수 있을까요?

(   )명

4 2개씩 나누어 먹으면 몇 명이 먹을 수 있을까요?

(   )명

123

○ 3-2-2
나눗셈
(내림이 있고 나머지가 없는
(몇십몇)÷(몇))

○ 3-2-2
나눗셈
(내림이 없고 나머지가 있는
(몇십몇)÷(몇))

○ 3-2-2
나눗셈
(내림이 있고 나머지가 있는
(몇십몇)÷(몇))

기억해 볼까요?

나눗셈을 하세요.

① $38÷2=$

② $56÷4=$

③ $68÷4=$

④ $72÷3=$

30초 개념

남은 수가 나누는 수보다 작으면 더 나누지 않아요. 이 수를 나머지라고 해요.

🎯 $25÷3$의 계산

십의   일의
자리   자리

```
   ┌──────
 3 │ 2   5
   └──────
```
십의 자리 수 2는
3보다 작아서 나눌 수
없어요.

⇒

```
        8
   ┌──────
 3 │ 2   5
   │ 2   4   ← 3×8
   ├──────
         |   ← 25−24
```
나누어지는 수 25를
넘지 않는 가장 큰
곱셈구구를 찾아요.

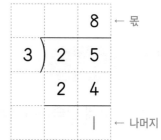

$3×7=21$
$3×8=24$
$3×9=27$ ⟩ 25

⇒

```
        8   ← 몫
   ┌──────
 3 │ 2   5
   │ 2   4
   ├──────
         |   ← 나머지
```
|은 3보다 작으므로
나머지예요.

나머지는 나누는 수보다
꼭 작아야 해요.

$$25÷3=8 \cdots |$$
몫   나머지

124

🍗 나눗셈을 하세요.

① $2 \overline{)\, 2\ 5}$

② $3 \overline{)\, 1\ 7}$

③ $4 \overline{)\, 3\ 5}$

④ $5 \overline{)\, 5\ 7}$

⑤ $2 \overline{)\, 4\ 3}$

⑥ $3 \overline{)\, 9\ 8}$

⑦ $4 \overline{)\, 4\ 2}$

⑧ $3 \overline{)\, 2\ 9}$

⑨ $2 \overline{)\, 6\ 3}$

개념 다지기

🦴 세로셈으로 나타내어 나눗셈을 하세요.

① 31÷3

② 49÷2

③ 25÷4

④ 59÷7=

⑤ 73÷9=

⑥ 85÷8=

⑦ 56÷5=

⑧ 64÷3=

⑨ 85÷4=

설명해 보세요

97÷3을 세로셈으로 나타내어 계산하고 그 과정을 설명해 보세요.

개념 키우기

🦴 나머지가 같은 것끼리 선으로 이어 보세요.

| $19 \div 2$ | • | | • | $53 \div 5$ |

| $77 \div 8$ | • | | • | $41 \div 9$ |

| $23 \div 4$ | • | | • | $25 \div 3$ |

| $58 \div 6$ | • | | • | $67 \div 7$ |

도전해 보세요

🐾 각각의 조건을 모두 만족하는 수를 구하세요.

- 20보다 크고 30보다 작은 수입니다.
- 2로 나누면 1이 남습니다.
- 3으로 나눈 나머지가 1입니다.

(   )

- 10보다 크고 20보다 작은 수입니다.
- 2로 나누어떨어집니다.
- 5로 나눈 나머지가 3입니다.

(   )

3-2-2
나눗셈
(내림이 없고 나머지가 있는
(몇십몇)÷(몇))

3-2-2
나눗셈
(내림이 있고 나머지가 있는
(몇십몇)÷(몇))

3-2-2
나눗셈
(나머지가 없는
(세 자리 수)÷(한 자리 수))

?! 기억해 볼까요?

나눗셈의 몫과 나머지를 구하세요.

① $47 \div 2 =$ 　　　　② $68 \div 3 =$

③ $29 \div 3 =$ 　　　　④ $53 \div 5 =$

30초 개념

(몇십몇)÷(몇)의 계산은 앞에서부터 차례대로 해요.

🎯 $67 \div 4$의 계산

자릿값에 맞추어
수를 써요.

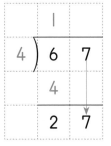

십의 자리를 먼저
계산하고 남은 수를
내림해요.

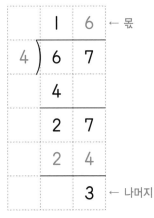

← 몫

← 나머지

내림한 수와 일의 자리
수를 함께 나누어요.

나머지가 나누는 수보다
크면 틀린 계산이에요!

$$67 \div 4 = 16 \cdots 3$$
　　　　　　　몫　　　나머지

$$67 \div 4 = 15 \cdots 7$$

나머지 7은 나누는 수 4보다 크므로 잘못 나눈 결과예요.

128

🍗 나눗셈을 하세요.

① $3\overline{)56}$

② $5\overline{)79}$

③ $8\overline{)91}$

④ $2\overline{)77}$

⑤ $4\overline{)67}$

⑥ $7\overline{)94}$

⑦ $6\overline{)80}$

⑧ $5\overline{)64}$

⑨ $3\overline{)41}$

개념 다지기

🍗 세로셈으로 나타내어 나눗셈을 하세요.

① 47÷3

② 85÷2

③ 66÷5

④ 99÷8=

⑤ 42÷4=

⑥ 83÷6=

⑦ 87÷7=

⑧ 59÷4=

⑨ 31÷2=

설명해 보세요

73÷3를 세로셈으로 나타내어 계산하고 그 과정을 설명해 보세요.

🦴 큰 수를 작은 수로 나눈 몫과 나머지를 쓰세요.

❶
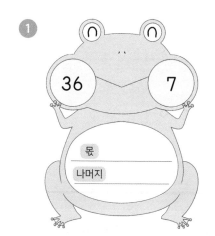

36   7

몫
나머지

❷
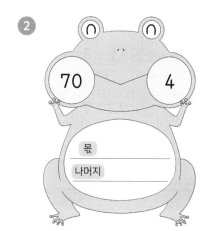

70   4

몫
나머지

❸

52   3

몫
나머지

❹
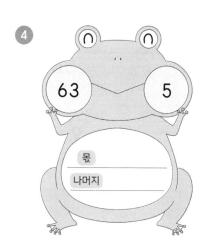

63   5

몫
나머지

도전해 보세요

❶ 어떤 수를 2로 나누어야 할 것을 잘못하여 곱했더니 66이 되었습니다. 바르게 계산한 몫과 나머지를 구하세요.

몫 (   )
나머지 (   )

❷ 67을 어떤 수로 나눈 나머지는 1입니다. 어떤 수가 될 수 있는 한 자리 수를 모두 쓰세요.

(   )

기억해 볼까요?

나눗셈의 몫과 나머지를 구하세요.

① $71 \div 3 =$

② $63 \div 4 =$

③ $93 \div 7 =$

④ $52 \div 3 =$

30초 개념

나눗셈의 결과가 맞는지 알아보려면 나누는 수와 몫을 곱하고 나머지를 더해서 나누어지는 수와 같은지 확인해요.

$56 \div 6$을 바르게 계산했는지 확인하기

나눗셈식
$$56 \div 6 = 9 \cdots 2$$
나누어지는 수   나누는 수   몫   나머지

확인
$$6 \times 9 = 54, \quad 54 + 2 = 56$$
나누는 수   몫   나머지 나누어지는 수

나누는 수와 몫의 곱에 나머지를
더한 결과가 나누어지는 수와
같아야 해요.

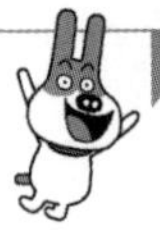

🍗 나눗셈을 맞게 계산했는지 확인하세요.

①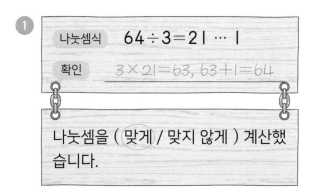
나눗셈식　64÷3=21 … 1
확인　3×21=63, 63+1=64
나눗셈을 (맞게 / 맞지 않게) 계산했습니다.

②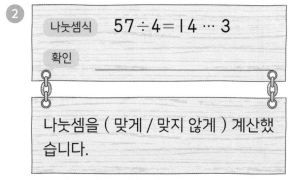
나눗셈식　57÷4=14 … 3
확인
나눗셈을 (맞게 / 맞지 않게) 계산했습니다.

③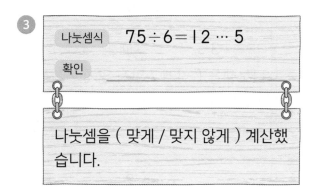
나눗셈식　75÷6=12 … 5
확인
나눗셈을 (맞게 / 맞지 않게) 계산했습니다.

④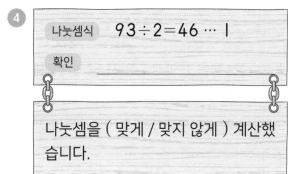
나눗셈식　93÷2=46 … 1
확인
나눗셈을 (맞게 / 맞지 않게) 계산했습니다.

⑤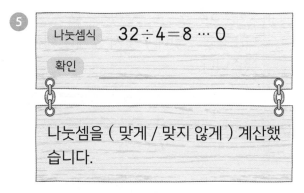
나눗셈식　32÷4=8 … 0
확인
나눗셈을 (맞게 / 맞지 않게) 계산했습니다.

⑥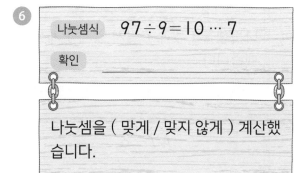
나눗셈식　97÷9=10 … 7
확인
나눗셈을 (맞게 / 맞지 않게) 계산했습니다.

⑦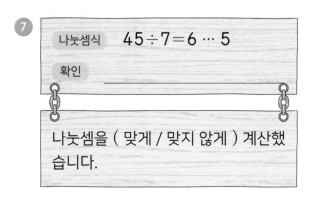
나눗셈식　45÷7=6 … 5
확인
나눗셈을 (맞게 / 맞지 않게) 계산했습니다.

⑧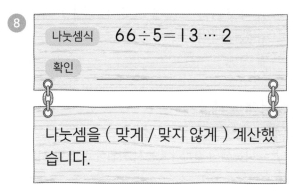
나눗셈식　66÷5=13 … 2
확인
나눗셈을 (맞게 / 맞지 않게) 계산했습니다.

개념 다지기

🍗 나눗셈의 몫과 나머지를 보고 나눗셈을 맞게 계산했는지 확인하세요.

①
36÷5

몫 7 나머지 1

나눗셈을 (맞게 / 맞지 않게) 계산했습니다.

②
69÷4

몫 17 나머지 1

나눗셈을 (맞게 / 맞지 않게) 계산했습니다.

③
83÷3

몫 26 나머지 2

나눗셈을 (맞게 / 맞지 않게) 계산했습니다.

④
92÷7

몫 13 나머지 3

나눗셈을 (맞게 / 맞지 않게) 계산했습니다.

⑤
75÷6

몫 12 나머지 3

나눗셈을 (맞게 / 맞지 않게) 계산했습니다.

⑥
64÷2

몫 32 나머지 0

나눗셈을 (맞게 / 맞지 않게) 계산했습니다.

⑦
47÷8

몫 6 나머지 1

나눗셈을 (맞게 / 맞지 않게) 계산했습니다.

⑧
73÷5

몫 15 나머지 2

나눗셈을 (맞게 / 맞지 않게) 계산했습니다.

설명해 보세요

나눗셈의 결과가 맞는지 확인하고 그 이유를 설명해 보세요.

$97 \div 4 = 24 \cdots 3$

개념 키우기

🦴 나눗셈을 하고 맞게 계산했는지 확인하세요.

① $74 \div 3 =$　　　➡ 확인 _____

② $65 \div 4 =$　　　➡ 확인 _____

③ $83 \div 6 =$　　　➡ 확인 _____

④ $96 \div 7 =$　　　➡ 확인 _____

⑤ $44 \div 5 =$　　　➡ 확인 _____

⑥ $91 \div 8 =$　　　➡ 확인 _____

도전해 보세요

🐾 봄이는 매일 같은 쪽수만큼 책을 읽었습니다. 물음에 답하세요.

① 하루에 16쪽씩 5일 동안 읽었더니 5쪽이 남았습니다. 책은 모두 몇 쪽일까요?

(　　　　　　)쪽

② 95쪽의 책을 8일 동안 읽었더니 7쪽이 남았습니다. 하루에 몇 쪽씩 읽었을까요?

(　　　　　　)쪽

3-2-2
나눗셈
(내림이 있고 나머지가 있는
(몇십몇)÷(몇))

3-2-2
나눗셈
(나머지가 없는
(세 자리 수)÷(한 자리 수))

3-2-2
나눗셈
(나머지가 있는
(세 자리 수)÷(한 자리 수))

기억해 볼까요?

나눗셈의 몫과 나머지를 구하세요.

① 47÷3=

② 68÷5=

③ 93÷8=

④ 77÷4=

30초 개념

(세 자리 수)÷(한 자리 수)의 계산은 앞에서부터 차례대로 각 자리의 나눗셈을 해요.

🎯 582÷3의 계산

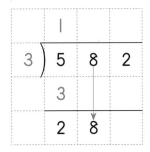

백의 자리 수를 계산하고
남은 수를 내림해요.

백의 자리에서 내림한 수와
십의 자리 수를 더해 계산하고
남은 수를 내림해요.

십의 자리에서 내림한 수와
일의 자리 수를 더해 계산해요.

$$582÷3=194 \cdots 0$$
몫   나머지

십의 자리나 일의 자리에서
나눌 수 없으면 0을 써요.

```
   1 0 7
3) 3 2 1
      ↑
```
십의 자리의 수 2는 3으로
나눌 수 없으므로 몫에 0을 써요.

```
   2 1 0
4) 8 4 0
      ↑
```
일의 자리의 수 0은 4로
나눌 수 없으므로 몫에 0을 써요.

나눗셈을 하세요.

① 5) 6 2 5

② 6) 8 4 6

③ 7) 9 3 1

④ 2) 2 1 8

⑤ 4) 2 5 6

⑥ 3) 1 4 4

⑦ 8) 7 3 6

⑧ 6) 8 4 0

⑨ 9) 4 5 0

Content:

🍗 세로셈으로 나타내어 나눗셈을 하세요.

① 564÷3

② 318÷2

③ 824÷4

④ 645÷5＝

⑤ 928÷8＝

⑥ 553÷7＝

⑦ 612÷6＝

⑧ 420÷2＝

⑨ 450÷5＝

설명해 보세요

656÷8을 세로셈으로 나타내어 계산하고 그 과정을 설명해 보세요.

개념 키우기

🦴 나눗셈을 하세요.

① 562÷2=

② 756÷4=

③ 369÷3=

④ 955÷5=

⑤ 846÷6=

⑥ 416÷8=

⑦ 490÷7=

⑧ 693÷9=

⑨ 256÷2=

⑩ 625÷5=

⑪ 852÷4=

⑫ 636÷6=

도전해 보세요

🐾 빈 곳에 알맞은 수를 써넣으세요.

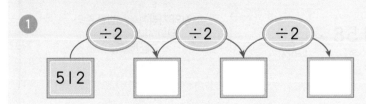

①

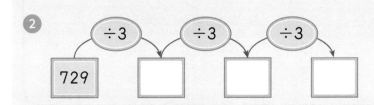

②

?! 기억해 볼까요?

나눗셈을 하세요.

① 471÷3＝

② 595÷5＝

③ 912÷6＝

④ 889÷7＝

🕐 30초 개념

(세 자리 수)÷(한 자리 수)의 계산은 앞에서부터 차례대로 해요.

🎯 475÷3의 계산

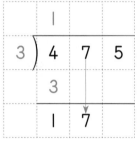

백의 자리 수를 계산하고
남은 수를 내림해요.

백의 자리에서 내림한 수와
십의 자리 수를 더해 계산하고
남은 수를 내림해요.

십의 자리에서 내림한 수와
일의 자리 수를 더해
계산해요.

475÷3＝158 … 1
     몫   나머지

높은 자리부터 차례대로 계산하고
십의 자리나 일의 자리에서
나눌 수 없으면 몫에 0을 써요.

140

월 일 ☆☆☆☆☆

나눗셈을 하세요.

❶ $4\overline{)753}$

❷ $6\overline{)871}$

❸ $8\overline{)895}$

❹ $2\overline{)147}$

❺ $7\overline{)351}$

❻ $5\overline{)457}$

❼ $3\overline{)266}$

❽ $4\overline{)331}$

❾ $5\overline{)524}$

개념 다지기

🍗 세로셈으로 나타내어 나눗셈을 하세요.

① 436÷3

② 794÷6

③ 511÷4

④ 219÷2=

⑤ 551÷5=

⑥ 635÷7=

⑦ 137÷8=

⑧ 368÷9=

⑨ 813÷7=

설명해 보세요

456÷9를 세로셈으로 나타내어 계산하고 그 과정을 설명해 보세요.

🦴 나머지가 같은 것끼리 선으로 이어 보세요.

257÷4 •

548÷5 •

293÷9 •

723÷3 •

• 861÷7

• 963÷2

• 615÷6

• 437÷8

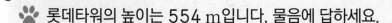 도전해 보세요

🐾 롯데타워의 높이는 554 m입니다. 물음에 답하세요.

❶ 한 번에 32 m씩 올라가면 몇 번 만에 끝까지 올라갈까요? 맨 마지막에 올라간 높이는 몇 m일까요?

(   )번

(   ) m

❷ 한 번에 □ m씩 올라가면 10번 만에 끝까지 올라간다고 할 때, □ 안에 알맞은 두 자리 수 중에서 가장 작은 수를 구하세요.

(   )

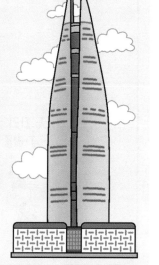

143

기억해 볼까요?

나눗셈의 몫과 나머지를 구하세요.

① $473 ÷ 2 =$

② $676 ÷ 3 =$

③ $805 ÷ 8 =$

④ $423 ÷ 5 =$

30초 개념

(세 자리 수)÷(몇십)의 계산은 (몇십)×(몇)을 이용해요. 자리를 잘 맞추어 계산하는 것이 중요해요.

🎯 $123 ÷ 40$의 계산

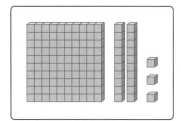

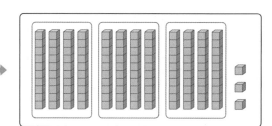

$$123 ÷ 40 = 3 \cdots 3$$
몫   나머지

← $40 × 3$

두 자리 수로 나눌 때는 수의
자리를 잘못 쓰기 쉬우니
주의해요!

(✕)

🍗 나눗셈을 하세요.

①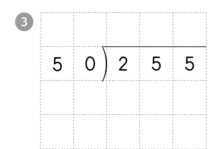

②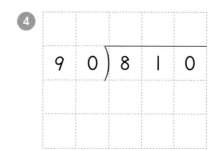

③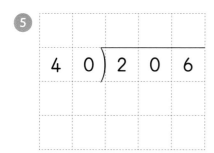

④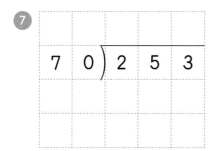

⑤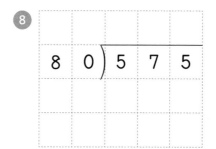

⑥

⑦

⑧

⑨

⑩

 개념 다지기

🍗 세로셈으로 나타내어 나눗셈을 하세요.

① 256÷30

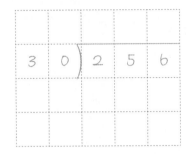

② 453÷60

③ 731÷80=

④ 560÷70=

⑤ 378÷50=

⑥ 137÷40=

⑦ 655÷90=

⑧ 198÷20=

⑨ 796÷80=

⑩ 512÷60=

설명해 보세요

 256÷40을 세로셈으로 나타내어 계산하고 그 과정을 설명해 보세요.

146

개념 키우기

🦴 나눗셈을 하세요.

① $356 \div 50 =$

② $541 \div 90 =$

③ $438 \div 60 =$

④ $748 \div 80 =$

⑤ $216 \div 30 =$

⑥ $632 \div 70 =$

⑦ $123 \div 20 =$

⑧ $329 \div 50 =$

⑨ $292 \div 40 =$

⑩ $471 \div 60 =$

⑪ $539 \div 80 =$

⑫ $613 \div 90 =$

도전해 보세요

🐾 각각의 조건을 모두 만족하는 수를 구하세요.

①
- 400보다 크고 500보다 작은 수
입니다.
- 50으로 나누면 나머지가 21입니다.

(   )

②
- 100보다 크고 200보다 작은 수
입니다.
- 20으로 나누면 나머지가 15입니다.
- 30으로 나누면 나머지가 25입니다.

(   )

기억해 볼까요?

나눗셈의 몫과 나머지를 구하세요.

① $126 \div 20 =$

② $345 \div 60 =$

③ $223 \div 30 =$

④ $381 \div 50 =$

30초 개념

몫이 한 자리 수인 몇십몇으로 나누기에서는 (두 자리 수)×(한 자리 수)를 이용하여 몫을 어림해요. 자리를 잘 맞추어 계산하는 것이 중요해요.

◎ $267 \div 51$의 계산

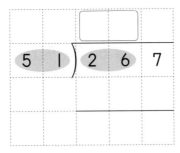

26보다 51이 더 크므로 자리를 비워 두어요.

267에 51이 몇 번 들어가는지 267보다 작은 수 중 267에 가장 가까운 수를 찾아서 몫을 구해요.

$51 \times 3 = 153$
$51 \times 4 = 204$
$51 \times 5 = 255$ < 267
$51 \times 6 = 306$

$$267 \div 51 = 5 \cdots 12$$

몫 나머지

어림을 잘못하여 실수했을 때 나머지를 보면 실수를 알 수 있어요.

← 나머지가 나누는 수 51보다 커요.

(×)

148

🍗 나눗셈을 하세요.

① 2 3) 5 6

② 6 2) 3 5 6

③ 1 7) 3 1

④ 4 4) 2 6 7

⑤ 2 8) 9 5

⑥ 7 1) 4 5 9

⑦ 5 9) 3 8 7

⑧ 3 6) 2 5 2

⑨ 8 3) 5 1 6

⑩ 9 7) 7 5 2

🦴 세로셈으로 나타내어 나눗셈을 하세요.

1 79÷36

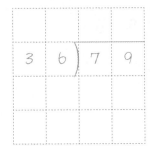

2 351÷56

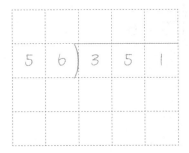

3 66÷21=

4 84÷42=

5 92÷17=

6 443÷61=

7 612÷94=

8 138÷76=

9 723÷87=

10 217÷43=

설명해 보세요

357÷58을 세로셈으로 나타내어 계산하고 그 과정을 설명해 보세요.

개념 키우기

🦴 나눗셈을 하고 맞게 계산했는지 확인하세요.

① 512÷63＝   ➡ 확인 _____

② 376÷51＝   ➡ 확인 _____

③ 134÷25＝   ➡ 확인 _____

④ 295÷47＝   ➡ 확인 _____

 도전해 보세요

🐾 수민이네 농장에서 사과를 172개 수확했습니다. 물음에 답하세요.

① 사과를 상자에 24개씩 나누어 담으려고 합니다. 사과는 모두 몇 상자가 되고 몇 개가 남을까요?

　　사과는 모두 _____ 상자가 되고 _____ 개가 남습니다.

② 사과를 36명에게 똑같이 나누어 주려고 합니다. 최대한 많이 나누어 줄 때 한 사람이 받는 사과는 몇 개이고 몇 개가 남을까요?

　　한 사람이 받는 사과는 _____ 개이고 _____ 개가 남습니다

기억해 볼까요?

나눗셈의 몫과 나머지를 구하세요.

1 $253 \div 32 =$

2 $416 \div 81 =$

3 $625 \div 93 =$

4 $86 \div 23 =$

30초 개념

몫이 두 자리 수인 (세 자리 수)÷(두 자리 수)의 계산에서는 높은 자리부터 몫을 어림해요. 자리를 잘 맞추어 계산하는 것이 중요해요.

🎯 $736 \div 34$의 계산

73을 34로 나누면 몫이 2이고
나머지가 5예요.

56을 34로 나누면 몫이 1이고
나머지가 22예요.

$$736 \div 34 = 21 \cdots 22$$
몫 　나머지

맞게 계산했는지
확인해요.

$$34 \times 21 = 714, \quad 714 + 22 = 736$$
나누는 수　몫　　　　　나머지　나누어지는 수

나눗셈을 하세요.

① 2 6) 5 5 2

② 3 1) 6 5 2

③ 6 5) 7 2 6

④ 5 2) 9 2 1

⑤ 1 3) 3 9 2

⑥ 4 3) 8 6 2

⑦ 7 7) 8 1 7

⑧ 8 3) 9 1 2

🍗 세로셈으로 나타내어 나눗셈을 하세요.

① 567÷26

② 764÷34

③ 434÷12=

④ 616÷45=

⑤ 972÷51=

⑥ 846÷69=

⑦ 141÷11=

⑧ 398÷24=

나눗셈을 하세요.

① 249÷13=

② 769÷35=

③ 409÷27=

④ 982÷56=

⑤ 597÷41=

⑥ 613÷61=

⑦ 884÷72=

⑧ 355÷18=

⑨ 671÷46=

⑩ 792÷37=

⑪ 359÷19=

⑫ 497÷28=

나눗셈을 하고 맞게 계산했는지 확인하세요.

① $916 \div 47 =$ ➡ 확인 _____

② $438 \div 16 =$ ➡ 확인 _____

③ $512 \div 64 =$ ➡ 확인 _____

④ $848 \div 35 =$ ➡ 확인 _____

⑤ $791 \div 55 =$ ➡ 확인 _____

⑥ $667 \div 27 =$ ➡ 확인 _____

설명해 보세요

$476 \div 23$을 세로셈으로 나타내어 계산하고 그 과정을 설명해 보세요.

개념 키우기

🦴 큰 수를 작은 수로 나눈 몫과 나머지를 쓰세요.

①

456 38

몫 _____
나머지 _____

②

729 46

몫 _____
나머지 _____

③

67 911

몫 _____
나머지 _____

④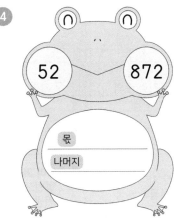

52 872

몫 _____
나머지 _____

도전해 보세요

① 487을 어떤 수로 나누었더니 몫이 17이고 나머지가 11이었습니다. 어떤 수는 얼마일까요?

(   )

② □ 안에 알맞은 수를 써넣으세요.

```
            □ 1
  3 □ ) 6 7 □
        6 2
        □ 2
        3 □
        □ 1
```

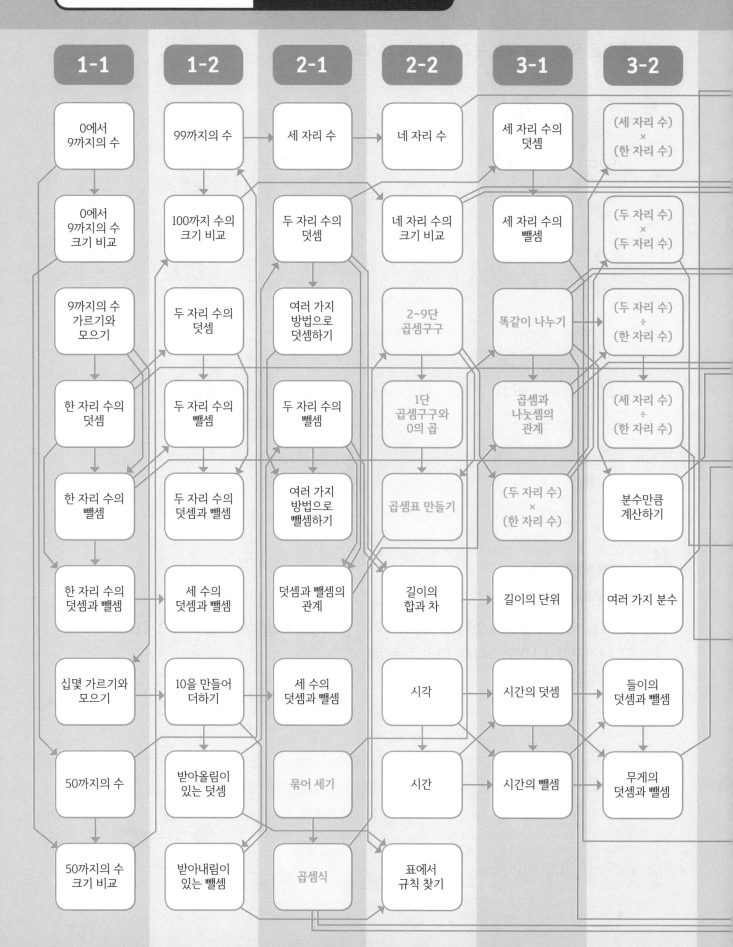

1~6학년 연산 개념연결 지도

1-1	1-2	2-1	2-2	3-1	3-2
0에서 9까지의 수	99까지의 수	세 자리 수	네 자리 수	세 자리 수의 덧셈	(세 자리 수) × (한 자리 수)
0에서 9까지의 수 크기 비교	100까지 수의 크기 비교	두 자리 수의 덧셈	네 자리 수의 크기 비교	세 자리 수의 뺄셈	(두 자리 수) × (두 자리 수)
9까지의 수 가르기와 모으기	두 자리 수의 덧셈	여러 가지 방법으로 덧셈하기	2~9단 곱셈구구	똑같이 나누기	(두 자리 수) ÷ (한 자리 수)
한 자리 수의 덧셈	두 자리 수의 뺄셈	두 자리 수의 뺄셈	1단 곱셈구구와 0의 곱	곱셈과 나눗셈의 관계	(세 자리 수) ÷ (한 자리 수)
한 자리 수의 뺄셈	두 자리 수의 덧셈과 뺄셈	여러 가지 방법으로 뺄셈하기	곱셈표 만들기	(두 자리 수) × (한 자리 수)	분수만큼 계산하기
한 자리 수의 덧셈과 뺄셈	세 수의 덧셈과 뺄셈	덧셈과 뺄셈의 관계	길이의 합과 차	길이의 단위	여러 가지 분수
십몇 가르기와 모으기	10을 만들어 더하기	세 수의 덧셈과 뺄셈	시각	시간의 덧셈	들이의 덧셈과 뺄셈
50까지의 수	받아올림이 있는 덧셈	묶어 세기	시간	시간의 뺄셈	무게의 덧셈과 뺄셈
50까지의 수 크기 비교	받아내림이 있는 뺄셈	곱셈식	표에서 규칙 찾기		

곱셈·나눗셈의 발견

정답과 풀이

기억해 볼까요? ·· 12쪽

① 2, 4, 6, 8   ② 3, 6

개념 익히기 ·· 13쪽

① 2, 4; 2, 4, 2, 4, 8
② 3, 4; 3, 4, 12   ③ 4, 3; 4, 3, 12
④ 6, 2; 6, 2, 12   ⑤ 2, 6; 2, 6, 12
⑥ 2, 8; 2, 8, 16   ⑦ 4, 4; 4, 4, 16

개념 다지기 ·· 14쪽

① 2, 10   ② 4, 16
③ 7, 28   ④ 4, 32
⑤ 4, 24   ⑥ 9, 45
⑦ 40   ⑧ 28

설명해 보세요

5의 4배는 5, 10, 15, 20에서 20입니다.

개념 키우기 ·· 15쪽

① 3, 15; 3, 15   ② 4, 28; 4, 28
③ 64   ④ 63
⑤ 42   ⑥ 48

도전해 보세요 ·· 15쪽

① 30   ② 5

---

① 바나나가 한 송이에 6개씩 5송이이므로 6의 5배입니다. 6의 5배는 30입니다.
② 봄이가 가진 블록의 수는 2개, 가을이가 가진 블록의 수는 10개입니다. 2의 5배는 10이므로 5배입니다.

기억해 볼까요? ·· 16쪽

① 12; 4, 12   ② 10; 5, 10

개념 익히기 ·· 17쪽

① $2+2+2=6$; $2\times3=6$
② $4+4+4=12$; $4\times3=12$
③ $2+2+2+2+2+2=12$; $2\times6=12$
④ $3+3+3+3+3=15$; $3\times5=15$
⑤ $5+5+5+5+5=25$; $5\times5=25$
⑥ $4+4+4+4+4=20$; $4\times5=20$
⑦ $6+6=12$; $6\times2=12$
⑧ $7+7+7=21$; $7\times3=21$

개념 다지기 ·· 18쪽

① $3\times4=12$ ② $5\times4=20$
③ $8\times5=40$ ④ $9\times3=27$
⑤ $8\times3=24$ ⑥ $4\times6=24$

설명해 보세요

6씩 4묶음이므로
덧셈식: $6+6+6+6=24$
곱셈식: $6\times4=24$
입니다.

① 2; $2 \times 2 = 4$ ② 2; $4 \times 2 = 8$

③ 3; $3 \times 3 = 9$ ④ 2; $6 \times 2 = 12$

도전해 보세요 ·· 19쪽

① 32   ② 15

① 노란색 구슬이 2개의 주머니에 4개씩 들어 있으므로 노란색 구슬의 수는 4의 2배, 8개입니다. 파란색 구슬의 수는 노란색의 구슬 수의 4배입니다. 8의 4배는 32이므로 파란색 구슬의 수는 32개입니다.

② 가위바위보에서 보를 내면 펼쳐지는 손가락의 수는 5개이고, 3명이 가위바위보를 해서 모두 보를 냈습니다. 5의 3배는 15이므로 펼쳐진 손가락은 모두 15개입니다.

03 곱셈구구 1

기억해 볼까요? ·· 20쪽

① $4 \times 3 = 12$ ② $2 \times 4 = 8$

개념 익히기 ·· 21쪽

① 8   ② 9   ③ 20

④ 35   ⑤ 30   ⑥ 28

⑦ 48   ⑧ 30   ⑨ 10

⑩ 21   ⑪ 36   ⑫ 24

⑬ 42   ⑭ 32   ⑮ 56

⑯ 18   ⑰ 16   ⑱ 32

⑲ 18   ⑳ 24   ㉑ 35

㉒ 25   ㉓ 63   ㉔ 56

① 0   ② 20

③ 15   ④ 12   ⑤ 0

⑥ 28   ⑦ 40   ⑧ 54

⑨ 40   ⑩ 20   ⑪ 14

⑫ 36   ⑬ 63   ⑭ 0

⑮ 27   ⑯ 64   ⑰ 12

⑱ 48   ⑲ 42   ⑳ 40

㉑ 27   ㉒ 90   ㉓ 24

설명해 보세요

9×4는 9를 4번 더한 것이므로
$9 \times 4 = 9 + 9 + 9 + 9 = 36$입니다.
또는 9씩 4번 묶어 세면 9, 18, 27, 36이므로
$9 \times 4 = 9 + 9 + 9 + 9 = 36$입니다.

×	0	1	2	3	4	5	6	7	8	9
0	0	0	0	0	0	0	0	0	0	0
1	0	1	2	3	4	5	6	7	8	9
2	0	2	4	6	8	10	12	14	16	18
3	0	3	6	9	12	15	18	21	24	27
4	0	4	8	12	16	20	24	28	32	36
5	0	5	10	15	20	25	30	35	40	45
6	0	6	12	18	24	30	36	42	48	54
7	0	7	14	21	28	35	42	49	56	63
8	0	8	16	24	32	40	48	56	64	72
9	0	9	18	27	36	45	54	63	72	81

도전해 보세요 ·· 23쪽

① 81, 49, 36, 4, 25, 16에 ○표

② (1) 5   (2) 9

   (3) 7   (4) 6

1 2~9단 곱셈구구 안에서 같은 수끼리 곱하여 나오는 결과를 찾아야 합니다.
$9 \times 9 = 81$, $7 \times 7 = 49$, $6 \times 6 = 36$, $2 \times 2 = 4$, $5 \times 5 = 25$, $4 \times 4 = 16$입니다. $1 \times 1 = 1$, $0 \times 0 = 0$은 2~9단 곱셈구구가 아니기 때문에 답이 될 수 없습니다.

2 (1) $5 \times 4 = 20$　(2) $3 \times 9 = 27$
　(3) $7 \times 8 = 56$　(4) $6 \times 6 = 36$

⑨ 1　　　⑩ 8
⑪ 2　　　⑫ 3
⑬ 6　　　⑭ 4
⑮ 8　　　⑯ 9

설명해 보세요

곱셈표의 5단 줄에서 40을 찾으면 8과 만나므로 $\square \times 5 = 40$의 $\square$ 안에 알맞은 수는 8입니다.
또는 곱셈구구에서 $8 \times 5 = 40$이므로 $\square$ 안에 알맞은 수는 8입니다.

04 곱셈구구 2

기억해 볼까요? 24쪽

1 36　　　**2** 21
3 20　　　**4** 72

개념 익히기 25쪽

1 4　　　**2** 4
3 6　　　**4** 6
5 5　　　**6** 7
7 6　　　**8** 3
9 0　　　**10** 7
11 3　　　**12** 8
13 6　　　**14** 4
15 8　　　**16** 7
17 4　　　**18** 5
19 8　　　**20** 0

개념 다지기 26쪽

1 2　　　**2** 3
3 6　　　**4** 7
5 4　　　**6** 2
7 9　　　**8** 7

개념 키우기 27쪽

1

×	2	6	8
2	4	12	16
4	8	24	32
5	10	30	40

2

×	4	5	7
2	8	10	14
6	24	30	42
9	36	45	63

3

×	5	6	8
4	20	24	32
7	35	42	56
8	40	48	64

4

×	2	5	7
3	6	15	21
5	10	25	35
7	14	35	49

1 9; 6; 9, 4

2 앞에서부터 7, 6, 9, 3

1 곱셈구구 범위에서 곱해서 36이 되는 곱
셈식을 찾아보면
$4 \times 9 = 36$, $6 \times 6 = 36$, $9 \times 4 = 36$입니다.
곱셈구구 범위 밖으로 $1 \times 36 = 36$,
$2 \times 18 = 36$, $3 \times 12 = 36$, $36 \times 1 = 36$,
$18 \times 2 = 36$, $12 \times 3 = 36$도 있습니다. 곱
셈구구를 완전히 마스터하고 범위 밖의 답
을 구한 경우 정답으로 인정합니다.

2 $7 \times 6 = 42$, $6 \times 9 = 54$, $9 \times 3 = 27$

05 똑같이 나누기

1 3 　　　2 5

3 2 　　　4 4

1 4 　　　2 3

3 3 　　　4 3

5 2 　　　6 2

7 2 　　　8 4

1 2 　　　2 4

3 3 　　　4 5

5 2 　　　6 6

7 4 　　　8 5

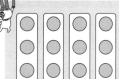

구슬 12개를 3개씩 묶으
면 4묶음이 되므로
$12 \div 3 = 4$입니다.

1 $10 \div 2 = 5$; 5 　　　2 $8 \div 4 = 2$; 2

3 $12 \div 3 = 4$; 4 　　　4 $15 \div 5 = 3$; 3

	한 명에게 7개씩 나누어 줄 때	7명에게 똑같이 나누어 줄 때
구하려는 것	구슬을 7개씩 몇 명이 가지게 되는가?	7명이 똑같이 나누어 가질 때 한 명이 몇 개의 구슬을 가지게 되는가?
나눗셈식	$35 \div 7$	$35 \div 7$
몫	5	5
몫이 나타내는 것	구슬을 7개씩 5명이 가지게 됩니다.	한 명이 5개의 구슬을 가지게 됩니다.

구슬 35개를 한 명에게 7개씩 나누어 줄 때
는 모두 몇 명에게 나누어 줄 수 있는지 나눗
셈으로 알아볼 수 있습니다.
나눗셈식은 $35 \div 7 = 5$이므로 5명에게 7개씩
똑같이 나누어 줄 수 있습니다.
구슬 35개를 7명에게 똑같이 나누어 줄 때는
한 명에게 몇 개씩 나누어 줄 수 있는지 나눗
셈으로 알아볼 수 있습니다.
나눗셈식은 $35 \div 7 = 5$이므로 한 명에게 5개
씩 나누어 줄 수 있습니다.

06 곱셈과 나눗셈의 관계

기억해 볼까요? ································· 32쪽

4

개념 익히기 ································· 33쪽

① 4; 2, 4　　　② 2; 5, 2
③ 2, 6; 3, 2; 2, 3　　④ 2, 12; 6, 2; 2, 6
⑤ 5, 3, 15; 5, 3; 3, 5
⑥ 3, 3, 9; 3, 3

개념 다지기 ································· 34쪽

① 2, 8; 8, 2　　　② 3, 2; 2, 3
③ 4, 5; 5, 4　　　④ 3, 7; 7, 3
⑤ 5, 6; 6, 5　　　⑥ 7, 4; 4, 7
⑦ 18, 9, 2; 18, 2, 9
⑧ 48, 8, 6; 48, 6, 8
⑨ 63, 7, 9; 63 9, 7
⑩ 45, 9, 5; 45, 5, 9
⑪ 56, 8, 7; 56, 7, 8
⑫ 72, 9, 8; 72, 8, 9

설명해 보세요

8×5는 5×8과 결과가 같으므로 곱셈식은
5×8=40, 8×5=40이므로 40÷8=5,
40÷5=8입니다.

개념 키우기 ································· 35쪽

① 3, 4, 12; 4, 3, 12; 12, 3, 4; 12, 4, 3
② 9, 4, 36; 4, 9, 36; 36, 9, 4; 36, 4, 9
③ 7, 8, 56; 8, 7, 56; 56, 7, 8; 56, 8, 7
④ 6, 9, 54; 9, 6, 54; 54, 6, 9; 54, 9, 6

도전해 보세요 ································· 35쪽

① 7

②
36	÷	4	=	9
		÷		÷
	2	×	3	=	6
	=		=
	2		3

① 8과 어떤 수를 곱해서 56이 되는 수는 7
입니다. 8×7=56이고, 곱셈과 나눗셈의
관계에 의해서 56÷7=8이 됩니다.
② 36÷4=9, 4÷2=2, 9÷3=3, 2×3=6

07 나눗셈의 몫을 곱셈식으로 구하기

기억해 볼까요? ································· 36쪽

3, 4; 4, 3

개념 익히기 ································· 37쪽

① 6; 6　　　② 8; 8
③ 5; 5　　　④ 5; 5
⑤ 5; 5　　　⑥ 8; 8
⑦ 9; 9　　　⑧ 4; 4
⑨ 7; 7　　　⑩ 2; 2
⑪ 6; 6　　　⑫ 6; 6
⑬ 3; 3　　　⑭ 5; 5
⑮ 4; 4　　　⑯ 8; 8

개념 다지기 ································· 38쪽

① 3　　　② 2　　　③ 2
④ 5　　　⑤ 5　　　⑥ 4
⑦ 2　　　⑧ 6　　　⑨ 4

⑩ 2   ⑪ 2   ⑫ 7

⑬ 4   ⑭ 5   ⑮ 3

⑯ 8   ⑰ 5   ⑱ 12

설명해 보세요

$48 \div 8 = \square$와 관계가 있는 곱셈식은
$8 \times \square = 48$ 또는 $\square \times 8 = 48$입니다.
그런데 $8 \times 6 = 48$ 또는 $6 \times 8 = 48$이므로
$\square$ 안에 알맞은 수는 6입니다.

개념 키우기 ·········· 39쪽

도전해 보세요 ·········· 39쪽

❶
×	3	4	10
4	12	16	40
6	18	24	60
7	21	28	70

❷
×	2	5	4
7	14	35	28
12	24	60	48
6	12	30	24

❶ 표의 가로와 세로가 만나는 부분의 결과를
보고 곱셈을 찾으면 됩니다.
$\square \times 3 = 12$에서 $\square = 4$,
$\square \times 3 = 18$에서 $\square = 6$,
$6 \times \square = 24$에서 $\square = 4$,
$4 \times \square = 40$에서 $\square = 10$,
$4 \times 4 = 16$, $6 \times 10 = 60$, $7 \times 3 = 21$,
$7 \times 4 = 28$, $7 \times 10 = 70$

❷ 표의 가로와 세로가 만나는 부분의 결과를
보고 곱셈을 찾으면 됩니다.
$7 \times \square = 14$에서 $\square = 2$,
$7 \times \square = 35$에서 $\square = 5$,
$\square \times 5 = 60$에서 $\square = 12$,
$12 \times \square = 48$에서 $\square = 4$,
$\square \times 4 = 24$에서 $\square = 6$,
$7 \times 4 = 28$, $12 \times 2 = 24$, $6 \times 2 = 12$,
$6 \times 5 = 30$

ⓞ8 (몇십)×(몇)

기억해 볼까요? ·········· 42쪽

❶ 42   ❷ 32

❸ 8   ❹ 9

개념 익히기 ·········· 43쪽

❶ $20 + 20 + 20 + 20 = 80$; 4, 80

❷ $10 + 10 + 10 = 30$; $10 \times 3 = 30$

❸ $40 + 40 = 80$; $40 \times 2 = 80$

❹ $20 + 20 + 20 = 60$; $20 \times 3 = 60$

❺ $10 + 10 + 10 + 10 + 10 + 10 = 60$;
$10 \times 6 = 60$

❻ $30 + 30 = 60$; $30 \times 2 = 60$

❼ $30 + 30 + 30 = 90$; $30 \times 3 = 90$

① $\begin{array}{r} 2\ 0 \\ \times\quad 3 \\ \hline 6\ 0 \end{array}$　② $\begin{array}{r} 1\ 0 \\ \times\quad 5 \\ \hline 5\ 0 \end{array}$　③ $\begin{array}{r} 3\ 0 \\ \times\quad 2 \\ \hline 6\ 0 \end{array}$

④ $\begin{array}{r} 1\ 0 \\ \times\quad 8 \\ \hline 8\ 0 \end{array}$　⑤ $\begin{array}{r} 2\ 0 \\ \times\quad 2 \\ \hline 4\ 0 \end{array}$　⑥ $\begin{array}{r} 3\ 0 \\ \times\quad 1 \\ \hline 3\ 0 \end{array}$

⑦ $\begin{array}{r} 4\ 0 \\ \times\quad 2 \\ \hline 8\ 0 \end{array}$　⑧ $\begin{array}{r} 1\ 0 \\ \times\quad 9 \\ \hline 9\ 0 \end{array}$　⑨ $\begin{array}{r} 2\ 0 \\ \times\quad 4 \\ \hline 8\ 0 \end{array}$

⑩ $\begin{array}{r} 5\ 0 \\ \times\quad 1 \\ \hline 5\ 0 \end{array}$　⑪ $\begin{array}{r} 9\ 0 \\ \times\quad 1 \\ \hline 9\ 0 \end{array}$　⑫ $\begin{array}{r} 3\ 0 \\ \times\quad 3 \\ \hline 9\ 0 \end{array}$

⑬ $\begin{array}{r} 3\ 0 \\ \times\quad 4 \\ \hline 1\ 2\ 0 \end{array}$　⑭ $\begin{array}{r} 5\ 0 \\ \times\quad 2 \\ \hline 1\ 0\ 0 \end{array}$　⑮ $\begin{array}{r} 7\ 0 \\ \times\quad 3 \\ \hline 2\ 1\ 0 \end{array}$

설명해 보세요

🐰 60×3을 덧셈식으로 나타내면
$60 \times 3 = 60 + 60 + 60$입니다.
$60 + 60 = 120$이므로 $60 + 60 + 60 = 180$
입니다.
따라서 $60 \times 3 = 60 + 60 + 60 = 180$입니다.

① 60　② 80　③ 30

④ 90　⑤ 90　⑥ 60

⑦ 40　⑧ 80　⑨ 80

⑩ 120　⑪ 150　⑫ 160

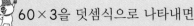
도전해 보세요 ·········· 45쪽

① 30, 60　② 60

① $10 \times 3 = 30$, $30 \times 2 = 60$
② 달걀이 한 판에 30개씩 2판이므로 봄이
　어머니가 산 달걀의 수는 $30 \times 2 = 60$(개)
　입니다.

---

09 올림이 없는 (몇십몇)×(몇)

① 40　　　② 80
③ 90　　　④ 90

① 36　　② 26
③ 48　　④ 99　　⑤ 28
⑥ 42　　⑦ 69　　⑧ 80
⑨ 62　　⑩ 99　　⑪ 48
⑫ 96　　⑬ 82　　⑭ 86

① $\begin{array}{r} 2\ 2 \\ \times\quad 3 \\ \hline 6\ 6 \end{array}$　② $\begin{array}{r} 1\ 4 \\ \times\quad 2 \\ \hline 2\ 8 \end{array}$　③ $\begin{array}{r} 3\ 0 \\ \times\quad 3 \\ \hline 9\ 0 \end{array}$

④ $\begin{array}{r} 2\ 3 \\ \times\quad 2 \\ \hline 4\ 6 \end{array}$　⑤ $\begin{array}{r} 2\ 4 \\ \times\quad 2 \\ \hline 4\ 8 \end{array}$　⑥ $\begin{array}{r} 1\ 2 \\ \times\quad 2 \\ \hline 2\ 4 \end{array}$

⑦ $\begin{array}{r} 3\ 3 \\ \times\quad 3 \\ \hline 9\ 9 \end{array}$　⑧ $\begin{array}{r} 4\ 4 \\ \times\quad 2 \\ \hline 8\ 8 \end{array}$　⑨ $\begin{array}{r} 4\ 2 \\ \times\quad 2 \\ \hline 8\ 4 \end{array}$

⑩ $\begin{array}{r} 2\ 3 \\ \times\quad 3 \\ \hline 6\ 9 \end{array}$　⑪ $\begin{array}{r} 1\ 1 \\ \times\quad 8 \\ \hline 8\ 8 \end{array}$　⑫ $\begin{array}{r} 3\ 9 \\ \times\quad 1 \\ \hline 3\ 9 \end{array}$

⑬ $\begin{array}{r} 2\ 2 \\ \times\quad 4 \\ \hline 8\ 8 \end{array}$　⑭ $\begin{array}{r} 4\ 1 \\ \times\quad 2 \\ \hline 8\ 2 \end{array}$　⑮ $\begin{array}{r} 1\ 3 \\ \times\quad 3 \\ \hline 3\ 9 \end{array}$

설명해 보세요

🐰 21×4를 덧셈식으로 나타내면
$21 \times 4 = 21 + 21 + 21 + 21$입니다.
$21 + 21 + 21 + 21 = 84$이므로
$21 \times 4 = 21 + 21 + 21 + 21 = 84$입니다.

① 82 ② 69 ③ 64
④ 80 ⑤ 99 ⑥ 52
⑦ 36 ⑧ 93 ⑨ 84

도전해 보세요 49쪽

① 위에서부터 3, 8
② 84, 168

①
$$\begin{array}{r} ❷\ 4 \\ \times\ \ \ 2 \\ \hline 6\ ❶ \end{array}$$
에서 일의 자리는 $4 \times 2 = ❶$, $4 \times 2 = 8$이므로 $❶ = 8$이고, 십의 자리는 $❷ \times 2 = 6$이므로 $❷ = 3$입니다.

따라서 $❶ = 8$, $❷ = 3$입니다.

② $42 \times 2 = 84$, $84 \times 2 = 168$

⑩ 십의 자리에서 올림이 있는 (몇십몇)×(몇)

기억해 볼까요? 50쪽

① 46 ② 62
③ 82 ④ 99

개념 익히기 51쪽

① 126 ② 105
③ 120 ④ 208 ⑤ 186
⑥ 147 ⑦ 219 ⑧ 280
⑨ 108 ⑩ 189 ⑪ 567
⑫ 288 ⑬ 246 ⑭ 186

①
$$\begin{array}{r} 3\ 1 \\ \times\ \ \ 5 \\ \hline 1\ 5\ 5 \end{array}$$
②
$$\begin{array}{r} 4\ 0 \\ \times\ \ \ 3 \\ \hline 1\ 2\ 0 \end{array}$$
③
$$\begin{array}{r} 5\ 4 \\ \times\ \ \ 2 \\ \hline 1\ 0\ 8 \end{array}$$

④
$$\begin{array}{r} 2\ 1 \\ \times\ \ \ 8 \\ \hline 1\ 6\ 8 \end{array}$$
⑤
$$\begin{array}{r} 3\ 1 \\ \times\ \ \ 9 \\ \hline 2\ 7\ 9 \end{array}$$
⑥
$$\begin{array}{r} 9\ 2 \\ \times\ \ \ 3 \\ \hline 2\ 7\ 6 \end{array}$$

⑦
$$\begin{array}{r} 7\ 3 \\ \times\ \ \ 3 \\ \hline 2\ 1\ 9 \end{array}$$
⑧
$$\begin{array}{r} 8\ 2 \\ \times\ \ \ 4 \\ \hline 3\ 2\ 8 \end{array}$$
⑨
$$\begin{array}{r} 9\ 1 \\ \times\ \ \ 9 \\ \hline 8\ 1\ 9 \end{array}$$

⑩
$$\begin{array}{r} 6\ 2 \\ \times\ \ \ 3 \\ \hline 1\ 8\ 6 \end{array}$$
⑪
$$\begin{array}{r} 4\ 2 \\ \times\ \ \ 4 \\ \hline 1\ 6\ 8 \end{array}$$
⑫
$$\begin{array}{r} 9\ 3 \\ \times\ \ \ 3 \\ \hline 2\ 7\ 9 \end{array}$$

⑬
$$\begin{array}{r} 2\ 0 \\ \times\ \ \ 9 \\ \hline 1\ 8\ 0 \end{array}$$
⑭
$$\begin{array}{r} 8\ 3 \\ \times\ \ \ 3 \\ \hline 2\ 4\ 9 \end{array}$$
⑮
$$\begin{array}{r} 5\ 3 \\ \times\ \ \ 2 \\ \hline 1\ 0\ 6 \end{array}$$

설명해 보세요

$42 = 40 + 2$이므로 $42 \times 4 = 40 \times 4 + 2 \times 4$입니다.

$40 \times 4 = 160$, $2 \times 4 = 8$이므로

$42 \times 4 = 40 \times 4 + 2 \times 4 = 160 + 8 = 168$입니다.

따라서 □ 안에 알맞은 수는 앞에서부터 40, 168입니다.

① 159 ② 810 ③ 488
④ 128 ⑤ 219 ⑥ 405
⑦ 720 ⑧ 166 ⑨ 328

도전해 보세요 53쪽

① 위에서부터 9, 2, 9
② 80, 144

❶ [❷]3 에서 일의 자리는 $3\times3=9$이
$\times\ \ 3$
❸7❶ 므로 ❶=9이고, 십의 자리는

❷$\times3=$❸7에서 어떤 수와 3을 곱해서 일의 자리 수가 7인 곱셈은 $9\times3=27$이므로 ❷=9, ❸=2입니다. 따라서 ❶=9, ❷=9, ❸=2입니다.

❷ 18×8을 가로셈으로 계산하는 과정이므로 $18\times8=$❶$+64=$❷에서 ❶은 $10\times8=80$이고, ❷는 $80+64=144$입니다. 따라서 □ 안에 알맞은 수는 앞에서부터 80, 144입니다.

11 일의 자리에서 올림이 있는 (몇십몇)×(몇)

기억해 볼까요? ……………………………… 54쪽

❶ 106 ❷ 123
❸ 729 ❹ 279

개념 익히기 ……………………………… 55쪽

❶ 1; 52 ❷ 1; 60
❸ 3; 80 ❹ 1; 34 ❺ 2; 54
❻ 2; 84 ❼ 2; 75 ❽ 3; 96
❾ 1; 75 ❿ 1; 76 ⓫ 1; 70
⓬ 1; 90 ⓭ 1; 74 ⓮ 1; 84

개념 다지기 ……………………………… 56쪽

---

❼ 13 × 7 = 91 (올림 2)
❽ 24 × 3 = 72 (올림 1)
❾ 19 × 5 = 95 (올림 4)
❿ 29 × 3 = 87 (올림 2)
⓫ 26 × 3 = 78 (올림 1)
⓬ 36 × 2 = 72 (올림 1)
⓭ 45 × 2 = 90 (올림 1)
⓮ 24 × 4 = 96 (올림 1)
⓯ 14 × 7 = 98 (올림 2)

설명해 보세요

$36=30+6$이므로 $36\times3=30\times3+6\times3$ 입니다.

$30\times3=90$, $6\times3=18$이므로

$36\times3=30\times3+6\times3=90+18=108$입니다. 따라서 □ 안에 알맞은 수는 앞에서부터 30, 3, 108입니다.

개념 키우기 ……………………………… 57쪽

❶ 75 ❷ 72 ❸ 91
❹ 76 ❺ 81 ❻ 30
❼ 92 ❽ 70 ❾ 68

도전해 보세요 ……………………………… 57쪽

❶ 70   ❷ 15, 45

❶ 한 박스에 35개씩 2박스에 들어 있는 귤의 수는 $35\times2=70$(개)입니다.

❷ 15×3을 가로셈으로 계산하는 과정이므로 $15\times3=30+$❶$=$❷에서 ❶은 $5\times3=15$이고, ❷는 $30+15=45$입니다. 따라서 □ 안에 알맞은 수는 앞에서부터 15, 45입니다.

12 올림이 두 번 있는 (몇십몇)×(몇)

설명해 보세요

$36=30+6$이므로 $36\times7=30\times7+6\times7$ 입니다.
$30\times7=210$, $6\times7=42$이므로
$36\times7=30\times7+6\times7=210+42=252$ 입니다. 따라서 □ 안에 알맞은 수는 앞에서 부터 30, 7, 252입니다.

기억해 볼까요? ···································· 58쪽

❶ 75 　　　　　❷ 72
❸ 92 　　　　　❹ 92

개념 익히기 ···································· 59쪽

❶ 1; 115 　❷ 2; 100
❸ 4; 140 　❹ 1; 176 　❺ 2; 108
❻ 1; 192 　❼ 1; 108 　❽ 1; 165
❾ 2; 144 　❿ 2; 344 　⓫ 4; 392
⓬ 1; 372 　⓭ 3; 666 　⓮ 1; 282

개념 키우기 ···································· 61쪽

❶ 135 　　❷ 174 　　❸ 324
❹ 152 　　❺ 222 　　❻ 513
❼ 504 　　❽ 576 　　❾ 504

개념 다지기 ···································· 60쪽

❶
```
      4
    2 6
  ×   8
  2 0 8
```
❷
```
      2
    3 4
  ×   6
  2 0 4
```
❸
```
      2
    2 7
  ×   4
  1 0 8
```

❹
```
      2
    1 3
  ×   8
  1 0 4
```
❺
```
      4
    1 8
  ×   6
  1 0 8
```
❻
```
      3
    2 4
  ×   9
  2 1 6
```

❼
```
      6
    1 7
  ×   9
  1 5 3
```
❽
```
      2
    4 5
  ×   4
  1 8 0
```
❾
```
      2
    6 4
  ×   7
  4 4 8
```

❿
```
      4
    7 8
  ×   5
  3 9 0
```
⓫
```
      1
    8 2
  ×   6
  4 9 2
```
⓬
```
      4
    8 7
  ×   6
  5 2 2
```

⓭
```
      7
    2 8
  ×   9
  2 5 2
```
⓮
```
      6
    3 7
  ×   9
  3 3 3
```
⓯
```
      4
    4 6
  ×   7
  3 2 2
```

도전해 보세요 ···································· 61쪽

❶ 225 　　　　❷ 위에서부터 3, 8

❶ 한 상자에 25개씩 9상자에 들어 있는 오이의 수는 $25\times9=225$(개)입니다.

❷
```
    2 ❶
  ×   8
  1 ❷ 4
```
에서 일의 자리 계산 ❶×8의 일의 자리 결과가 4이므로 ❶에 들어갈 수 있는 수는 3 또는 8 입니다.

곱해지는 수의 일의 자리 수가 3일 경우 $23\times8=184$이고, 8일 경우 $28\times8=224$ 이므로 계산 결과를 만족하는 일의 자리 수는 3입니다.

따라서 ❶=3, ❷=8입니다.

171

13 (두 자리 수)×(한 자리 수) 종합

개념 키우기 ································· 65쪽

① 216   ② 102   ③ 248
④ 76   ⑤ 81   ⑥ 92
⑦ 148   ⑧ 498   ⑨ 372

기억해 볼까요? ······························· 62쪽

① 160   ② 68
③ 129   ④ 474

도전해 보세요 ······························· 65쪽

①

	×→	
32	6	192
4	17	68
128	102	

② 1, 2, 3, 4

개념 익히기 ······························· 63쪽

① 159   ② 120   ③ 288
④ 128   ⑤ 405   ⑥ 276
⑦ 52   ⑧ 36   ⑨ 92
⑩ 85   ⑪ 76   ⑫ 75
⑬ 90   ⑭ 87

① 32×6=192, 4×17=68,
   32×4=128, 6×17=102
② 38×3=114이므로 114>25×□입니다.
   25×1=25, 25×2=50, 25×3=75,
   25×4=100, 25×5=125이므로 □에
   알맞은 수는 1, 2, 3, 4입니다.

개념 다지기 ······························· 64쪽

① 192   ② 184   ③ 156
④ 138   ⑤ 260   ⑥ 354
⑦ 200   ⑧ 112   ⑨ 119
⑩ 558   ⑪ 592   ⑫ 258
⑬ 460   ⑭ 612   ⑮ 608

설명해 보세요

5 ← 올림한 수

```
    3 8
×     7
  2 6 6
```

먼저 38의 일의 자리의 수 8과 7을 곱하면
8×7=56에서 50은 십의 자리로 올리고 6
을 일의 자리에 씁니다.
그다음 38의 십의 자리의 수 30과 7을 곱하
면 30×7=210에 일의 자리의 수의 곱에서
올라온 50을 더한 260을 백의 자리와 십의
자리에 쓰면 38×7=266입니다.

14 올림이 없는 (세 자리 수)×(한 자리 수)

기억해 볼까요? ······························· 66쪽

① 42   ② 69
③ 84   ④ 96

개념 익히기 ······························· 67쪽

① 482   ② 309
③ 622   ④ 396   ⑤ 800
⑥ 536   ⑦ 826   ⑧ 696
⑨ 408   ⑩ 666   ⑪ 749
⑫ 627   ⑬ 846   ⑭ 969

1
```
    1 3 2
  ×     2
    2 6 4
```
2
```
    3 0 3
  ×     3
    9 0 9
```
3
```
    1 2 0
  ×     4
    4 8 0
```

4
```
    2 1 2
  ×     4
    8 4 8
```
5
```
    3 1 1
  ×     3
    9 3 3
```
6
```
    1 0 3
  ×     3
    3 0 9
```

7
```
    1 1 2
  ×     4
    4 4 8
```
8
```
    1 2 1
  ×     3
    3 6 3
```
9
```
    1 4 2
  ×     2
    2 8 4
```

10
```
    4 2 0
  ×     2
    8 4 0
```
11
```
    1 0 8
  ×     1
    1 0 8
```
12
```
    2 2 3
  ×     3
    6 6 9
```

13
```
    2 3 2
  ×     2
    4 6 4
```
14
```
    3 3 4
  ×     2
    6 6 8
```
15
```
    9 0 7
  ×     1
    9 0 7
```

설명해 보세요

321×3을 덧셈식으로 나타내면
321×3=321+321+321입니다.
321+321=642이므로
321+321+321=642+321=963입니다.
따라서 321×3=963입니다.

1 375   **2** 280   **3** 903
4 888   **5** 208   **6** 488
7 664   **8** 800   **9** 960

도전해 보세요

1 위에서부터 9, 1, 0, 9
2 264

1
```
       1 2 2    에서 일의 자리 계산
  ×       ❶    2×❶의 일의 자리 결과가
  ❷❸❹ 8         8이므로 ❶에 들어갈 수 있
```
는 수는 4 또는 9입니다.
❶이 4일 경우 122×4=488이고, 9일
경우 122×9=1098이므로 계산 결과를
만족하는 ❶=9입니다.
따라서 ❶=9, ❷=1, ❸=0, ❹=9입니다.

2 운동장 한 바퀴의 길이가 132 m이므로 2
바퀴를 뛰면 봄이가 뛴 거리는
132×2=264(m)입니다.

---

15 일의 자리에서 올림이 있는 (세 자리 수)×(한 자리 수)

1 52   **2** 60
3 80   **4** 75

1 1; 250   **2** 2; 321
3 1; 972   **4** 2; 868   **5** 4; 590
6 1; 896   **7** 2; 957   **8** 1; 894
9 7; 872   **10** 1; 876   **11** 3; 580
12 2; 684   **13** 1; 452   **14** 2; 864

1
```
        8
    1 0 9
  ×     9
    9 8 1
```
2
```
        3
    1 1 6
  ×     6
    6 9 6
```
3
```
        3
    2 1 9
  ×     4
    8 7 6
```

4
```
        1
    3 4 6
  ×     2
    6 9 2
```
5
```
        2
    3 2 8
  ×     3
    9 8 4
```
6
```
        2
    1 2 7
  ×     3
    3 8 1
```

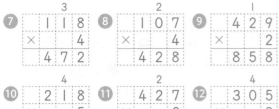

⑦
```
      3
    1 1 8
  ×     4
    4 7 2
```
⑧
```
      2
    1 0 7
  ×     4
    4 2 8
```
⑨
```
      1
    4 2 9
  ×     2
    8 5 8
```

⑩
```
      4
    2 1 8
  ×     5
  1 0 9 0
```
⑪
```
      2
    4 2 7
  ×     3
  1 2 8 1
```
⑫
```
      4
    3 0 5
  ×     8
  2 4 4 0
```

⑬
```
    1
  3 2 9
  ×   2
  6 5 8
```
⑭
```
    1
  3 3 8
  ×   2
  6 7 6
```
⑮
```
    1
  4 4 7
  ×   2
  8 9 4
```

 설명해 보세요

214=200+10+4이므로
214×3=200×3+10×3+4×3입니다.
200×3=600, 10×3=30, 4×3=12이므로
214×3=200×3+10×3+4×3
　　　　=600+30+12=642
입니다.
따라서 □ 안에 알맞은 수는 앞에서부터 200, 10, 3, 642입니다.

개념 키우기 ·· 73쪽

① 585　　② 696　　③ 1075
④ 624　　⑤ 850　　⑥ 896
⑦ 472　　⑧ 810　　⑨ 981

도전해 보세요 ·· 73쪽

① 위에서부터 3, 5, 6
② 575

---

①
```
  3 1 1
×     4
1 2 2 0
```
에서 일의 자리 계산 **1**×4의 일의 자리 결과가 0이므로 **1**에 들어갈 수 있는 수는 5입니다.
일의 자리에서 2를 올림하고 십의 자리를 계산하면 1×4=4, 4+2=6이므로 **2**=6이고, 백의 자리 계산에서 **3**×4=12이므로 **3**=3입니다.
따라서 **1**=5, **2**=6, **3**=3입니다.
② 봄이가 하루에 115 g의 단백질 음료를 마시므로 5일 동안 마신 단백질 음료의 양은 115×5=575(g)입니다.

---

16 올림이 여러 번 있는 (세 자리 수)×(한 자리 수)

기억해 볼까요? ·· 74쪽

① 472　　② 624
③ 692　　④ 850

개념 익히기 ·· 75쪽

① 1, 2; 944　　② 2, 2; 534
③ 3; 2706　　④ 2; 1680
⑤ 2, 2; 1864　　⑥ 2, 1; 1452
⑦ 3, 5; 2154　　⑧ 1, 1; 1638
⑨ 3, 7; 5112　　⑩ 2; 1584
⑪ 1; 2896　　⑫ 3, 5; 3136
⑬ 2, 4; 6600　　⑭ 1, 2; 4625

개념 다지기 ·· 76쪽

①
```
    1
  5 3 0
×     4
2 1 2 0
```
②
```
    2
  3 5 2
×     4
1 4 0 8
```
③
```
    2
  4 8 3
×     3
1 4 4 9
```

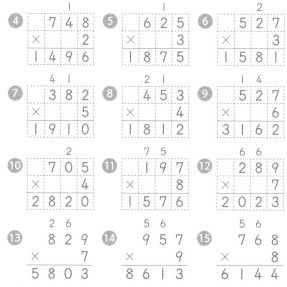
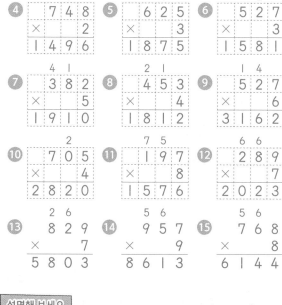
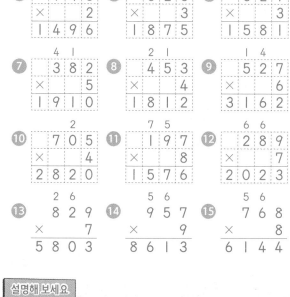

────────────────────────── 77쪽

도전해 보세요

① 1, 2, 3, 4, 5, 6, 7
② 674

① $125 \times 1 = 125$, $125 \times 2 = 250$,
$125 \times 3 = 375$, $125 \times 4 = 500$,
$125 \times 5 = 625$, $125 \times 6 = 750$,
$125 \times 7 = 875$, $125 \times 8 = 1000$입니다.
문제의 조건에서 $125 \times \square < 1000$이므로
□ 안에 들어갈 수 있는 자연수는 1, 2, 3,
4, 5, 6, 7입니다. $125 \times 8 = 1000$이므
로 1000보다 작아야 하는 조건에 맞지 않
습니다.
② 봄이네 집에서 학교까지의 거리는 337 m
이고, 집에서 학교까지 걸어갔다 돌아오는
거리이므로 봄이가 걸은 거리는
$337 \times 2 = 674$(m)입니다.

설명해 보세요

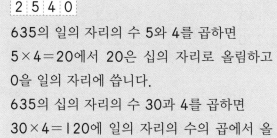

635의 일의 자리의 수 5와 4를 곱하면
$5 \times 4 = 20$에서 20은 십의 자리로 올림하고
0을 일의 자리에 씁니다.
635의 십의 자리의 수 30과 4를 곱하면
$30 \times 4 = 120$에 일의 자리의 수의 곱에서 올
림한 20을 더한 140에서 100은 백의 자리
로 올림하고 40을 십의 자리에 씁니다.
635의 백의 자리의 수 600과 4를 곱하면
$600 \times 4 = 2400$에 십의 자리의 수의 곱에서
올림한 100을 더한 2500을 천의 자리와 백
의 자리에 쓰면 $635 \times 4 = 2540$입니다.

개념 키우기
────────────────────────── 77쪽

① 2889   ② 645   ③ 938
④ 985   ⑤ 910   ⑥ 1056
⑦ 1701   ⑧ 1130   ⑨ 2511

17 (몇십)×(몇십), (몇십몇)×(몇십)

기억해 볼까요?
────────────────────────── 78쪽

① 80   ② 80
③ 90   ④ 80

개념 익히기
────────────────────────── 79 쪽

① 600   ② 1200   ③ 800
④ 3500   ⑤ 2400   ⑥ 390
⑦ 1050   ⑧ 750   ⑨ 1320
⑩ 2100   ⑪ 920   ⑫ 2040
⑬ 2010

①
```
     3 0
   ×  4 0
   1 2 0 0
```
②
```
     6 0
   ×  7 0
   4 2 0 0
```
③
```
     8 0
   ×  5 0
   4 0 0 0
```

④
```
     3 4
   ×  2 0
     6 8 0
```
⑤
```
     4 8
   ×  2 0
     9 6 0
```
⑥
```
     5 6
   ×  3 0
   1 6 8 0
```

⑦
```
     3 0
   ×  5 4
   1 6 2 0
```
⑧
```
     4 0
   ×  4 6
   1 8 4 0
```
⑨
```
     6 0
   ×  6 7
   4 0 2 0
```

⑩
```
     8 4
   ×  3 0
   2 5 2 0
```
⑪
```
     5 2
   ×  5 0
   2 6 0 0
```
⑫
```
     3 7
   ×  9 0
   3 3 3 0
```

⑬
```
     6 9
   ×  7 0
   4 8 3 0
```
⑭
```
     2 7
   ×  4 0
   1 0 8 0
```
⑮
```
     2 5
   ×  9 0
   2 2 5 0
```

설명해 보세요

30=3×10이므로 32×30=32×3×10입니다.
32×3=96이므로
32×30=32×3×10=96×10=960입니다.
따라서 □ 안에 알맞은 수는 앞에서부터 32, 3, 96, 960입니다.

① 1800　　**②** 4800　　**③** 6300
④ 500　　**⑤** 3200　　**⑥** 1330
⑦ 1040　　**⑧** 1230　　**⑨** 2820

도전해 보세요 81쪽

① (1) 12000　(2) 4500
② 500

① (1) 60×200=12000
　　6×2=12이고, 12를 1000배 하면
　　12000입니다.
　(2) 15×300=4500
　　15×3=45이고, 45를 100배 하면
　　4500입니다.
② 봄이네 반 학생 25명에게 종이를 20장씩
　나누어 주었으므로 나누어 준 종이의 수는
　25×20=500(장)입니다.

18 (몇)×(몇십몇)

① 148　　　　**②** 152
③ 270　　　　**④** 212

① 1; 96　　**②** 1; 96
③ 2; 70　　**④** 1; 54　　**⑤** 1; 92
⑥ 2; 140　**⑦** 4; 348　**⑧** 4; 190
⑨ 3; 196　**⑩** 2; 201　**⑪** 3; 306
⑫ 4; 608　**⑬** 4; 609　**⑭** 7; 702

①
```
       3
   ×  2 5
     7 5
```
②
```
       8
   ×  1 2
     9 6
```
③
```
       4
   ×  2 3
     9 2
```

④
```
       5
   ×  4 1
   2 0 5
```
⑤
```
       8
   ×  5 1
   4 0 8
```
⑥
```
       4
   ×  6 2
   2 4 8
```

7 (1)
$$\begin{array}{r} 5 \\ \times\ 2\,2 \\ \hline 1\,1\,0 \end{array}$$

8 (2)
$$\begin{array}{r} 9 \\ \times\ 2\,3 \\ \hline 2\,0\,7 \end{array}$$

9 (5)
$$\begin{array}{r} 7 \\ \times\ 5\,8 \\ \hline 4\,0\,6 \end{array}$$

10 (4)
$$\begin{array}{r} 6 \\ \times\ 3\,7 \\ \hline 2\,2\,2 \end{array}$$

11 (7)
$$\begin{array}{r} 9 \\ \times\ 4\,8 \\ \hline 4\,3\,2 \end{array}$$

12 (3)
$$\begin{array}{r} 4 \\ \times\ 7\,9 \\ \hline 3\,1\,6 \end{array}$$

13 (5)
$$\begin{array}{r} 7 \\ \times\ 7\,8 \\ \hline 5\,4\,6 \end{array}$$

14 (4)
$$\begin{array}{r} 6 \\ \times\ 6\,8 \\ \hline 4\,0\,8 \end{array}$$

15 (2)
$$\begin{array}{r} 3 \\ \times\ 6\,9 \\ \hline 2\,0\,7 \end{array}$$

설명해 보세요

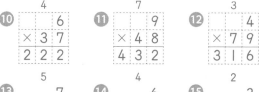

67=60+7이므로 5×67=5×60+5×7
입니다.
5×60=300, 5×7=35이므로
5×67=5×60+5×7=300+35=335
입니다. 따라서 □ 안에 알맞은 수는 앞에서
부터 60, 5, 335입니다.

❶
$$\begin{array}{r} 8 \\ \times\ 1\,❶ \\ \hline 1\,❷\,6 \end{array}$$
에서 일의 자리 계산
8×❶의 일의 자리 결과가 6이
므로 ❶에 들어갈 수 있는 수는
2 또는 7입니다.

8×12=96, 8×17=136이므로 조건을
만족하는 ❶에 들어갈 수 있는 수는 7입니
다.
일의 자리에서 5를 올림하고 십의 자리를
계산하면 8×1=8, 8+5=13이므로 ❷
에 들어갈 수 있는 수는 3입니다.
따라서 ❶=7, ❷=3입니다.

❷ 사과가 한 상자에 6개씩 18상자가 있으므
로 사과의 수는 6×18=108(개)입니다.

19　올림이 한 번 있는 (몇십몇)×(몇십몇)

개념 키우기 ···································· 85쪽

❶ 114　　❷ 225　　❸ 312

❹ 623　　❺ 522　　❻ 216

❼ 518　　❽ 130　　❾ 280

도전해 보세요 ···································· 85쪽

❶ 위에서부터 7, 3　　❷ 108

기억해 볼까요? ···································· 86쪽

❶ 68　　　　❷ 168

❸ 129　　　　❹ 208

개념 익히기 ···································· 87쪽

1
$$\begin{array}{r} 2\,4 \\ \times\ 1\,3 \\ \hline 7\,2 \\ 2\,4\ \ \\ \hline 3\,1\,2 \end{array}$$

2
$$\begin{array}{r} 1\,2 \\ \times\ 1\,8 \\ \hline 9\,6 \\ 1\,2\ \ \\ \hline 2\,1\,6 \end{array}$$

3
$$\begin{array}{r} 1\,3 \\ \times\ 3\,4 \\ \hline 5\,2 \\ 3\,9\ \ \\ \hline 4\,4\,2 \end{array}$$

4
$$\begin{array}{r} 2\,3 \\ \times\ 2\,4 \\ \hline 9\,2 \\ 4\,6\ \ \\ \hline 5\,5\,2 \end{array}$$

5
$$\begin{array}{r} 2\,5 \\ \times\ 1\,2 \\ \hline 5\,0 \\ 2\,5\ \ \\ \hline 3\,0\,0 \end{array}$$

6
$$\begin{array}{r} 3\,1 \\ \times\ 2\,4 \\ \hline 1\,2\,4 \\ 6\,2\ \ \\ \hline 7\,4\,4 \end{array}$$

7
$$\begin{array}{r} 4\,3 \\ \times\ 1\,3 \\ \hline 1\,2\,9 \\ 4\,3\ \ \\ \hline 5\,5\,9 \end{array}$$

8
$$\begin{array}{r} 5\,3 \\ \times\ 1\,2 \\ \hline 1\,0\,6 \\ 5\,3\ \ \\ \hline 6\,3\,6 \end{array}$$

9
$$\begin{array}{r} 2\,4 \\ \times\ 3\,2 \\ \hline 4\,8 \\ 7\,2\ \ \\ \hline 7\,6\,8 \end{array}$$

⑩
```
      3 5
  ×   2 1
      3 5
  7 0
  7 3 5
```
⑪
```
      2 3
  ×   4 3
      6 9
  9 2
  9 8 9
```

개념 키우기 ······················· 89쪽

❶ 351 ❷ 540 ❸ 689

❹ 728 ❺ 888 ❻ 949

❼ 1312 ❽ 1376 ❾ 1344

개념 다지기 ······················· 88쪽

❶
```
    1 2
  × 1 6
    7 2
  1 2
  1 9 2
```
❷
```
    1 9
  × 1 5
    9 5
  1 9
  2 8 5
```
❸
```
    1 3
  × 2 6
    7 8
  2 6
  3 3 8
```
❹
```
    3 2
  × 2 4
  1 2 8
  6 4
  7 6 8
```
❺
```
    6 1
  × 1 3
  1 8 3
  6 1
  7 9 3
```
❻
```
    7 4
  × 1 2
  1 4 8
  7 4
  8 8 8
```
❼
```
    1 3
  × 4 3
    3 9
  5 2
  5 5 9
```
❽
```
    3 6
  × 2 1
    3 6
  7 2
  7 5 6
```
❾
```
    2 7
  × 3 1
    2 7
  8 1
  8 3 7
```
⑩
```
      3 2
  ×   4 2
      6 4
  1 2 8
  1 3 4 4
```
⑪
```
      3 1
  ×   5 2
      6 2
  1 5 5
  1 6 1 2
```
⑫
```
      5 1
  ×   7 1
      5 1
  3 5 7
  3 6 2 1
```

설명해 보세요

```
      6 3
  ×   3 2
    1 2 6
  1 8 9 0
  2 0 1 6
```

63과 32의 일의 자리의 수 2를 곱하면
63×2=126입니다.
63과 32의 십의 자리의 수 30을 곱하면
63×30=1890입니다.
따라서 63×32=126+1890=2016입니다.

도전해 보세요 ······················· 89쪽

❶ 420

❷ 위에서부터 4, 3, 2 또는 위에서부터 3, 4, 2

❶ 알림장이 12권씩 35묶음 있으므로 알림
장은 12×35=420(권)입니다.

❷ 　❶2　에서 수 카드 2, 3, 4를 한 번
　×❷❸　씩만 사용하여 곱이 가장 큰 곱
셈식을 만들려면 십의 자리 수가 3, 4여야
합니다.
42×32=1344, 32×42=1344이므로
❶=4, ❷=3, ❸=2 또는 ❶=3,
❷=4, ❸=2입니다.
□ 안에 위에서부터 순서대로 2, 4, 3이
들어가면 22×43=946이므로 가장 큰
곱셈식이 될 수 없습니다.

20 올림이 여러 번 있는 (몇십몇)×(몇십몇)

기억해 볼까요? ······················· 90쪽

❶ 285 ❷ 559

❸ 540 ❹ 1323

개념 익히기 ···················· 91쪽

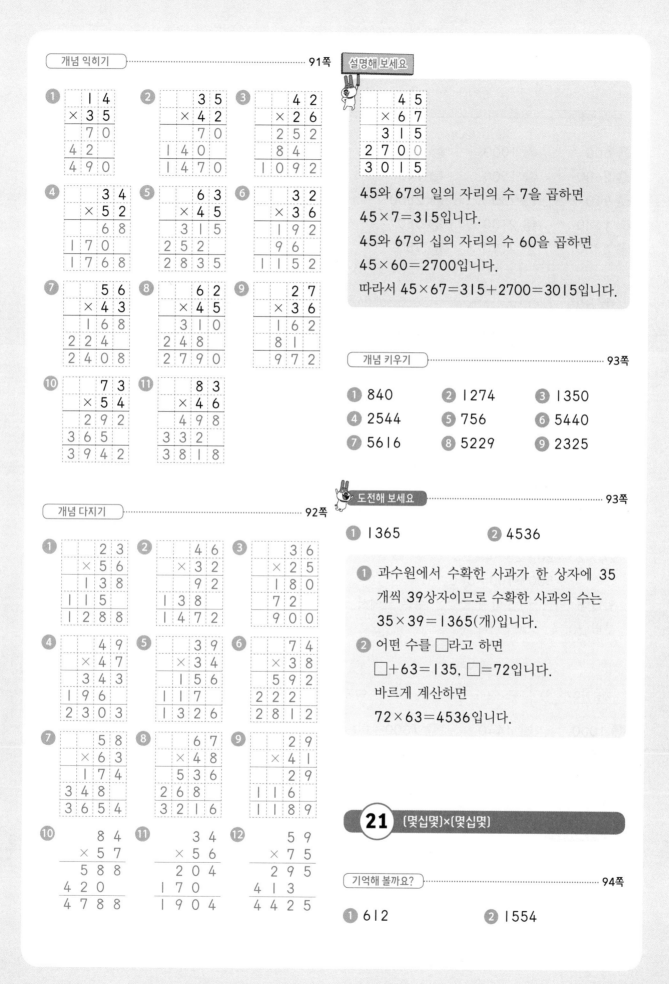

① 14 × 35 / 70 / 42 / 490
② 35 × 42 / 70 / 140 / 1470
③ 42 × 26 / 252 / 84 / 1092
④ 34 × 52 / 68 / 170 / 1768
⑤ 63 × 45 / 315 / 252 / 2835
⑥ 32 × 36 / 192 / 96 / 1152
⑦ 56 × 43 / 168 / 224 / 2408
⑧ 62 × 45 / 310 / 248 / 2790
⑨ 27 × 36 / 162 / 81 / 972
⑩ 73 × 54 / 292 / 365 / 3942
⑪ 83 × 46 / 498 / 332 / 3818

설명해 보세요

45 × 67 / 315 / 2700 / 3015

45와 67의 일의 자리의 수 7을 곱하면
45×7=315입니다.
45와 67의 십의 자리의 수 60을 곱하면
45×60=2700입니다.
따라서 45×67=315+2700=3015입니다.

개념 키우기 ···················· 93쪽

① 840   ② 1274   ③ 1350
④ 2544   ⑤ 756   ⑥ 5440
⑦ 5616   ⑧ 5229   ⑨ 2325

개념 다지기 ···················· 92쪽

① 23 × 56 / 138 / 115 / 1288
② 46 × 32 / 92 / 138 / 1472
③ 36 × 25 / 180 / 72 / 900
④ 49 × 47 / 343 / 196 / 2303
⑤ 39 × 34 / 156 / 117 / 1326
⑥ 74 × 38 / 592 / 222 / 2812
⑦ 58 × 63 / 174 / 348 / 3654
⑧ 67 × 48 / 536 / 268 / 3216
⑨ 29 × 41 / 29 / 116 / 1189
⑩ 84 × 57 / 588 / 420 / 4788
⑪ 34 × 56 / 204 / 170 / 1904
⑫ 59 × 75 / 295 / 413 / 4425

도전해 보세요 ···················· 93쪽

① 1365   ② 4536

① 과수원에서 수확한 사과가 한 상자에 35
개씩 39상자이므로 수확한 사과의 수는
35×39=1365(개)입니다.
② 어떤 수를 □라고 하면
□+63=135, □=72입니다.
바르게 계산하면
72×63=4536입니다.

21 (몇십몇)×(몇십몇)

기억해 볼까요? ···················· 94쪽

① 612   ② 1554

❸ 2438　　　❹ 4615

개념 익히기 ⋯⋯⋯⋯⋯⋯⋯⋯⋯⋯⋯⋯⋯ 95쪽

❶ 600　　　❷ 1000　　　❸ 1600
❹ 2600　　　❺ 1500　　　❻ 740
❼ 910　　　❽ 780　　　❾ 2800
❿ 1680　　　⓫ 2100　　　⓬ 580
⓭ 3330　　　⓮ 2190　　　⓯ 950

개념 다지기 ⋯⋯⋯⋯⋯⋯⋯⋯⋯⋯⋯⋯⋯ 96쪽

❶ 888　　　❷ 1078　　　❸ 552
❹ 456　　　❺ 806　　　❻ 225
❼ 1755　　　❽ 2726　　　❾ 3515
❿ 3192　　　⓫ 2268　　　⓬ 5922

설명해 보세요

24＝20＋4이므로
24×25＝20×25＋4×25입니다.
20×25＝500, 4×25＝100이므로
24×25＝20×25＋4×25
　　　　＝500＋100＝600
입니다. 따라서 □ 안에 알맞은 수는 앞에서
부터 20, 4, 600입니다.

개념 키우기 ⋯⋯⋯⋯⋯⋯⋯⋯⋯⋯⋯⋯⋯ 97쪽

❶ 1000　　　❷ 1440　　　❸ 1300
❹ 352　　　❺ 735　　　❻ 989
❼ 1855　　　❽ 1776　　　❾ 2464

도전해 보세요 ⋯⋯⋯⋯⋯⋯⋯⋯⋯⋯⋯ 97쪽

❶ 1440　　　❷ 775

❶ 하루는 24시간이고, 1시간은 60분이므로
하루는 24×60＝1440(분)입니다.
❷ 8월은 31일까지 있습니다. 가을이가 하루
에 25분씩 줄넘기를 하므로 8월 한 달 동
안 줄넘기를 한 시간은
25×31＝775(분)입니다.

㉒ [세 자리 수]×[몇십]

기억해 볼까요? ⋯⋯⋯⋯⋯⋯⋯⋯⋯⋯⋯⋯⋯ 98쪽

❶ 426　　　❷ 2400
❸ 1380　　　❹ 1240

개념 익히기 ⋯⋯⋯⋯⋯⋯⋯⋯⋯⋯⋯⋯⋯ 99쪽

❶ 6000　　　❷ 6930
❸ 8000　　　❹ 9000　　　❺ 8000
❻ 2640　　　❼ 4260　　　❽ 4800
❾ 9060　　　❿ 6600　　　⓫ 4560
⓬ 8880　　　⓭ 8900　　　⓮ 2860

개념 다지기 ⋯⋯⋯⋯⋯⋯⋯⋯⋯⋯⋯⋯⋯ 100쪽

❶
$$\begin{array}{r} 4\,0\,0 \\ \times\quad 3\,0 \\ \hline 1\,2\,0\,0\,0 \end{array}$$

❷
$$\begin{array}{r} 2\,1\,3 \\ \times\quad 4\,0 \\ \hline 8\,5\,2\,0 \end{array}$$

❸
$$\begin{array}{r} 8\,0\,0 \\ \times\quad 5\,0 \\ \hline 4\,0\,0\,0\,0 \end{array}$$

❹
$$\begin{array}{r} 2\,5\,0 \\ \times\quad 3\,0 \\ \hline 7\,5\,0\,0 \end{array}$$

❺
$$\begin{array}{r} 3\,2\,0 \\ \times\quad 7\,0 \\ \hline 2\,2\,4\,0\,0 \end{array}$$

❻
$$\begin{array}{r} 4\,3\,2 \\ \times\quad 4\,0 \\ \hline 1\,7\,2\,8\,0 \end{array}$$

❼
$$\begin{array}{r} 2\,4\,0 \\ \times\quad 8\,0 \\ \hline 1\,9\,2\,0\,0 \end{array}$$

❽
$$\begin{array}{r} 2\,7\,0 \\ \times\quad 4\,0 \\ \hline 1\,0\,8\,0\,0 \end{array}$$

⑨
$$\begin{array}{r} 257 \\ \times\ \ 50 \\ \hline 12850 \end{array}$$

⑩
$$\begin{array}{r} 454 \\ \times\ \ 70 \\ \hline 31780 \end{array}$$

⑪
$$\begin{array}{r} 532 \\ \times\ \ 60 \\ \hline 31920 \end{array}$$

⑫
$$\begin{array}{r} 352 \\ \times\ \ 90 \\ \hline 31680 \end{array}$$

⑬
$$\begin{array}{r} 629 \\ \times\ \ 50 \\ \hline 31450 \end{array}$$

⑭
$$\begin{array}{r} 736 \\ \times\ \ 40 \\ \hline 29440 \end{array}$$

⑮
$$\begin{array}{r} 861 \\ \times\ \ 90 \\ \hline 77490 \end{array}$$

설명해 보세요

20=2×10이므로 256×20=256×2×10

입니다.

256×2=512이므로

256×20=256×2×10

=512×10=5120

입니다. 따라서 □ 안에 알맞은 수는 앞에서

부터 2, 512, 5120입니다.

개념 키우기 ········· 101쪽

① 27000　② 16000　③ 54000

④ 14400　⑤ 26350　⑥ 22290

⑦ 25470　⑧ 26080　⑨ 65200

도전해 보세요 ········· 101쪽

① 해설 참조　② 12000

①
$$\begin{array}{r} 473 \\ \times\ \ 50 \\ \hline 000 \\ 2365\ \ \\ \hline 23650 \end{array}$$

② 연필이 한 상자에 240자루씩 50상자에

들어 있으므로 연필의 수는

240×50=12000(자루)입니다.

23 올림이 없는 (세 자리 수)×(두 자리 수)

기억해 볼까요? ········· 102쪽

① 6000　② 2640

③ 10000　④ 18100

개념 익히기 ········· 103쪽

①
$$\begin{array}{r} 124 \\ \times\ \ 12 \\ \hline 248 \\ 124\ \ \\ \hline 1488 \end{array}$$

②
$$\begin{array}{r} 132 \\ \times\ \ 31 \\ \hline 132 \\ 396\ \ \\ \hline 4092 \end{array}$$

③
$$\begin{array}{r} 211 \\ \times\ \ 34 \\ \hline 844 \\ 633\ \ \\ \hline 7174 \end{array}$$

④
$$\begin{array}{r} 212 \\ \times\ \ 24 \\ \hline 848 \\ 424\ \ \\ \hline 5088 \end{array}$$

⑤
$$\begin{array}{r} 231 \\ \times\ \ 33 \\ \hline 693 \\ 693\ \ \\ \hline 7623 \end{array}$$

⑥
$$\begin{array}{r} 332 \\ \times\ \ 23 \\ \hline 996 \\ 664\ \ \\ \hline 7636 \end{array}$$

⑦
$$\begin{array}{r} 324 \\ \times\ \ 12 \\ \hline 648 \\ 324\ \ \\ \hline 3888 \end{array}$$

⑧
$$\begin{array}{r} 312 \\ \times\ \ 32 \\ \hline 624 \\ 936\ \ \\ \hline 9984 \end{array}$$

⑨
$$\begin{array}{r} 411 \\ \times\ \ 12 \\ \hline 822 \\ 411\ \ \\ \hline 4932 \end{array}$$

⑩
$$\begin{array}{r} 433 \\ \times\ \ 22 \\ \hline 866 \\ 866\ \ \\ \hline 9526 \end{array}$$

⑪
$$\begin{array}{r} 465 \\ \times\ \ 11 \\ \hline 465 \\ 465\ \ \\ \hline 5115 \end{array}$$

개념 다지기 ········· 104쪽

①
$$\begin{array}{r} 200 \\ \times\ \ 43 \\ \hline 600 \\ 800\ \ \\ \hline 8600 \end{array}$$

②
$$\begin{array}{r} 121 \\ \times\ \ 24 \\ \hline 484 \\ 242\ \ \\ \hline 2904 \end{array}$$

③
$$\begin{array}{r} 133 \\ \times\ \ 32 \\ \hline 266 \\ 399\ \ \\ \hline 4256 \end{array}$$

④
$$\begin{array}{r} 212 \\ \times\ \ 43 \\ \hline 636 \\ 848\ \ \\ \hline 9116 \end{array}$$

⑤
$$\begin{array}{r} 232 \\ \times\ \ 32 \\ \hline 464 \\ 696\ \ \\ \hline 7424 \end{array}$$

⑥
$$\begin{array}{r} 241 \\ \times\ \ 21 \\ \hline 241 \\ 482\ \ \\ \hline 5061 \end{array}$$

⑦		3	1	4		⑧		3	2	3		⑨		3	1	1
	×		2	2			×		2	3			×		3	2
		6	2	8				9	6	9				6	2	2
	6	2	8				6	4	6				9	3	3	
	6	9	0	8			7	4	2	9			9	9	5	2

⑩		4	2	1		⑪		4	4	2		⑫		4	3	3
	×		1	2			×		2	2			×		2	1
		8	4	2				8	8	4				4	3	3
	4	2	1				8	8	4				8	6	6	
	5	0	5	2			9	7	2	4			9	0	9	3

설명해 보세요

32＝30＋2이므로

123×32＝123×30＋123×2입니다.

123×30＝3690, 123×2＝246

이므로

123×32＝123×30＋123×2
　　　　＝3690＋246＝3936

입니다. 따라서 □ 안에 알맞은 수는 앞에서부터 123, 2, 3936입니다.

개념 키우기 ·· 105쪽

① 9600　　② 8820　　③ 10659

④ 5124　　⑤ 7392　　⑥ 7348

⑦ 4816　　⑧ 5196　　⑨ 4824

도전해 보세요 ·· 105쪽

① 위에서부터 2, 1, 3, 4, 3

② 6851

---

① 3❶❷ × 2❸ ＝ 9 6 3 ; 6 ❹ 2 ; 7 ❺ 8 3

에서 3❶❷×2＝6❹2이므로 ❷＝1입니다.

3❶1×❸＝963이므로 ❶＝2, ❸＝3입니다.

321×23을 계산하면

❹＝4, ❺＝3이므로 ❶＝2, ❷＝1, ❸＝3, ❹＝4, ❺＝3입니다.

② 봄이네 학교 학생들이 하루에 마시는 우유가 221개이므로 31일 동안 마신 우유의 수는 221×31＝6851(개)입니다.

---

24 올림이 있는 (세 자리 수)×(두 자리 수)

기억해 볼까요? ·· 106쪽

① 9116　　② 3124

③ 3888　　④ 9282

개념 익히기 ·· 107쪽

①		1	5	6		②		3	8	5
	×		8	5			×		3	4
		7	8	0			1	5	4	0
	1	2	4	8			1	1	5	5
	1	3	2	6	0		1	3	0	9	0

③		2	8	3		④		2	6	9
	×		6	5			×		5	7
	1	4	1	5			1	8	8	3
	1	6	9	8			1	3	4	5
	1	8	3	9	5		1	5	3	3	3

⑤		3	4	6		⑥		5	1	8
	×		8	6			×		3	7
	2	0	7	6			3	6	2	6
	2	7	6	8			1	5	5	4
	2	9	7	5	6		1	9	1	6	6

⑦
```
      6 4 9
  ×     5 2
    1 2 9 8
  3 2 4 5
  3 3 7 4 8
```

⑧
```
      7 4 6
  ×     8 2
    1 4 9 2
  5 9 6 8
  6 1 1 7 2
```

⑪
```
      9 7 2
  ×     6 4
    3 8 8 8
  5 8 3 2
  6 2 2 0 8
```

⑫
```
      6 4 9
  ×     7 3
    1 9 4 7
  4 5 4 3
  4 7 3 7 7
```

⑨
```
      4 2 9
  ×     8 5
    2 1 4 5
  3 4 3 2
  3 6 4 6 5
```

⑩
```
      8 0 9
  ×     2 9
    7 2 8 1
  1 6 1 8
  2 3 4 6 1
```

⑪
```
      9 1 3
  ×     4 1
      9 1 3
  3 6 5 2
  3 7 4 3 3
```

설명해 보세요

45=40+5이므로
243×45=243×40+243×5입니다.
243×40=9720, 243×5=1215이므로
243×45=243×40+243×5
        =9720+1215=10935
입니다. 따라서 □ 안에 알맞은 수는 앞에서
부터 243, 5, 10935입니다.

개념 다지기 108쪽

①
```
      2 5 3
  ×     5 4
    1 0 1 2
  1 2 6 5
  1 3 6 6 2
```

②
```
      1 4 5
  ×     8 3
      4 3 5
  1 1 6 0
  1 2 0 3 5
```

③
```
      3 5 0
  ×     4 9
    3 1 5 0
  1 4 0 0
  1 7 1 5 0
```

④
```
      3 4 7
  ×     6 5
    1 7 3 5
  2 0 8 2
  2 2 5 5 5
```

⑤
```
      4 6 8
  ×     5 2
      9 3 6
  2 3 4 0
  2 4 3 3 6
```

⑥
```
      5 3 3
  ×     2 5
    2 6 6 5
  1 0 6 6
  1 3 3 2 5
```

⑦
```
      6 0 5
  ×     9 2
    1 2 1 0
  5 4 4 5
  5 5 6 6 0
```

⑧
```
      6 4 9
  ×     4 5
    3 2 4 5
  2 5 9 6
  2 9 2 0 5
```

⑨
```
      7 4 5
  ×     2 5
    3 7 2 5
  1 4 9 0
  1 8 6 2 5
```

⑩
```
      8 2 6
  ×     5 3
    2 4 7 8
  4 1 3 0
  4 3 7 7 8
```

개념 키우기 109쪽

① 17710   ② 16464   ③ 29971
④ 32955   ⑤ 33327   ⑥ 24070
⑦ 19224   ⑧ 68255   ⑨ 45012

도전해 보세요 109쪽

① 해설 참조   ② 12775

①
```
      6 5 1 0
  ×       5 4
    2 6 0 4 0
  3 2 5 5 0
  3 5 1 5 4 0
```

② 1년=365일입니다. 가을이가 매일 35분
씩 1년 동안 빠짐없이 걷기 운동을 한 시
간은 모두 35×365=12775(분)입니다.

25 (세 자리 수)×(두 자리 수) 종합

기억해 볼까요? ·········· 110쪽

① 6160　　　　② 16000
③ 7524　　　　④ 47669

개념 익히기 ·········· 111쪽

① 8000　　② 30000　　③ 63000
④ 8600　　⑤ 11000　　⑥ 34200
⑦ 9116　　⑧ 3059　　⑨ 5172
⑩ 26488　⑪ 24816　⑫ 35915

개념 다지기 ·········· 112쪽

① 29040　② 35672　③ 14322
④ 66792　⑤ 24354　⑥ 41472
⑦ 33215　⑧ 40450　⑨ 30000
⑩ 25760　⑪ 42016　⑫ 56551

설명해 보세요

43=40+3이므로
235×43=235×40+235×3입니다.
235×40=9400, 235×3=705이므로
235×43=235×40+235×3
　　　　=9400+705=10105
입니다. 따라서 □ 안에 알맞은 수는 앞에서부터 40, 235, 10105입니다.

개념 키우기 ·········· 113쪽

① 72000　② 25200　③ 8673
④ 7425　　⑤ 35625　⑥ 43180
⑦ 47731　⑧ 77736　⑨ 34875

도전해 보세요 ·········· 113쪽

① 7000　　　　② 8400

① 1주=7일, 4주=28일
봄이가 하루에 줄넘기를 250번씩 하면 4주 동안 줄넘기를 모두
250×28=7000(번)합니다.
② 1시간=60분, 2시간=120분
가을이의 심박수가 1분에 70번이므로 2시간 동안 가을이의 심박수는
70×120=8400(번)입니다.

---

26 내림과 나머지가 없는 (몇십몇)÷(몇)

기억해 볼까요? ·········· 116쪽

① 6, 6　　　　② 9, 9

개념 익히기 ·········· 117쪽

① 23　　② 24　　③ 21
④ 13　　⑤ 12　　⑥ 10
⑦ 11　　⑧ 31　　⑨ 10

❶
```
    3 2
3 ) 9 6
    9
    ─
      6
      6
    ─
      0
```

❷
```
    4 3
2 ) 8 6
    8
    ─
      6
      6
    ─
      0
```

❸
```
    1 2
2 ) 2 4
    2
    ─
      4
      4
    ─
      0
```

❹
```
    1 2
4 ) 4 8
    4
    ─
      8
      8
    ─
      0
```

❺
```
    2 2
3 ) 6 6
    6
    ─
      6
      6
    ─
      0
```

❻
```
    4 0
2 ) 8 0
    8
    ─
      0
```

❼
```
    3 3
2 ) 6 6
    6
    ─
      6
      6
    ─
      0
```

❽
```
    1 1
9 ) 9 9
    9
    ─
      9
      9
    ─
      0
```

❾
```
    1 0
7 ) 7 0
    7
    ─
      0
```

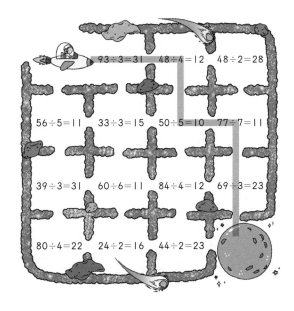

설명해 보세요

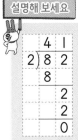

```
    4 1
2 ) 8 2
    8
    ─
      2
      2
    ─
      0
```

나누어지는 수와 나누는 수를 씁니다.
먼저 나누어지는 수의 십의 자리의 수 8을 2로
나누어 8÷2=4를 몫의 십의 자리에 씁니다.
82에서 80을 빼고 남은 2를 2로 나누어
2÷2=1을 몫의 일의 자리에 씁니다.
그러므로 82÷2=41입니다.

93÷3=31　48÷4=12　48÷2=28
56÷5=11　33÷3=15　50÷5=10　77÷7=11
39÷3=31　60÷6=11　84÷4=12　69÷3=23
80÷4=22　24÷2=16　44÷2=23

❶ 14, 13, 12, 10　　❷ 24, 23, 21, 11

❶ 39÷3=13, 48÷4=12, 28÷2=14,
50÷5=10
몫의 크기가 큰 순서대로 쓰면 14, 13,
12, 10입니다.

❷ 84÷4=21, 48÷2=24, 69÷3=23,
99÷9=11
몫의 크기가 큰 순서대로 쓰면 24, 23,
21, 11입니다.

27 내림이 있고 나머지가 없는 (몇십몇)÷(몇)

❶ 21　　　　　❷ 23
❸ 12　　　　　❹ 30

개념 익히기 ┈┈┈┈┈ 121쪽

①
```
      1 4
  4 ) 5 6
      4
      1 6
      1 6
        0
```

②
```
      1 9
  3 ) 5 7
      3
      2 7
      2 7
        0
```

③
```
      3 8
  2 ) 7 6
      6
      1 6
      1 6
        0
```

④
```
      1 5
  5 ) 7 5
      5
      2 5
      2 5
        0
```

⑤
```
      1 4
  6 ) 8 4
      6
      2 4
      2 4
        0
```

⑥
```
      1 6
  3 ) 4 8
      3
      1 8
      1 8
        0
```

⑦
```
      1 2
  5 ) 6 0
      5
      1 0
      1 0
        0
```

⑧
```
      1 3
  7 ) 9 1
      7
      2 1
      2 1
        0
```

⑨
```
      1 7
  4 ) 6 8
      4
      2 8
      2 8
        0
```

설명해 보세요

```
      2 5
  3 ) 7 5
      6
      1 5
      1 5
        0
```

나누어지는 수와 나누는 수를 씁니다.
먼저 나누어지는 수의 십의 자리의 수 7을 3으로 나눈 몫 2(사실은 20)를 십의 자리에 쓰고 남은 수 10과 나누어지는 수의 일의 자리의 수 5를 내려 씁니다.
이제 75에서 60을 빼고 남은 15를 3으로 나눈 몫 5를 몫의 일의 자리에 씁니다.
그러므로 75÷3=25입니다.

개념 다지기 ┈┈┈┈┈ 122쪽

①
```
      2 4
  3 ) 7 2
      6
      1 2
      1 2
        0
```

②
```
      1 8
  2 ) 3 6
      2
      1 6
      1 6
        0
```

③
```
      1 2
  8 ) 9 6
      8
      1 6
      1 6
        0
```

④
```
      1 5
  6 ) 9 0
      6
      3 0
      3 0
        0
```

⑤
```
      1 9
  4 ) 7 6
      4
      3 6
      3 6
        0
```

⑥
```
      1 6
  5 ) 8 0
      5
      3 0
      3 0
        0
```

⑦
```
      2 7
  2 ) 5 4
      4
      1 4
      1 4
        0
```

⑧
```
      1 2
  7 ) 8 4
      7
      1 4
      1 4
        0
```

⑨
```
      1 4
  3 ) 4 2
      3
      1 2
      1 2
        0
```

개념 키우기 ┈┈┈┈┈ 123쪽

도전해 보세요 ┈┈┈┈┈ 123쪽

① 24 **②** 18

③ 12 **④** 36

① 빵 72개를 3명이 똑같이 나누어 먹으면 한 명이 72÷3=24(개)씩 먹을 수 있습니다.

② 빵 72개를 4명이 똑같이 나누어 먹으면 한 명이 72÷4=18(개)씩 먹을 수 있습니다.

③ 빵 72개를 6개씩 나누어 먹으면 72÷6=12(명)이 먹을 수 있습니다.

④ 빵 72개를 2개씩 나누어 먹으면 72÷2=36(명)이 먹을 수 있습니다.

28 내림이 없고 나머지가 있는 (몇십몇)÷(몇)

⑦
```
      1 1
  5)5 6
    5
      6
      5
      1
```

⑧
```
      2 1
  3)6 4
    6
      4
      3
      1
```

⑨
```
      2 1
  4)8 5
    8
      5
      4
      1
```

기억해 볼까요? ·········· 124쪽

① 19   ② 14
③ 17   ④ 24

개념 익히기 ·········· 125쪽

①
```
      1 2
  2)2 5
    2
      5
      4
      1
```

②
```
        5
  3)1 7
    1 5
      2
```

③
```
        8
  4)3 5
    3 2
      3
```

④
```
      1 1
  5)5 7
    5
      7
      5
      2
```

⑤
```
      2 1
  2)4 3
    4
      3
      2
      1
```

⑥
```
      3 2
  3)9 8
    9
      8
      6
      2
```

⑦
```
      1 0
  4)4 2
    4
      2
```

⑧
```
        9
  3)2 9
    2 7
      2
```

⑨
```
      3 1
  2)6 3
    6
      3
      2
      1
```

설명해 보세요

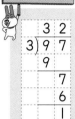

나누어지는 수와 나누는 수를 씁니다.
먼저 나누어지는 수의 십의 자리의 수 9를 3으로 나눈 몫 3(사실은 30)을 십의 자리에 쓰고, 나누어지는 수의 일의 자리의 수 7을 내려 씁니다.
그다음 7을 3으로 나눈 몫 2를 몫의 일의 자리에 쓰고 7-6=1을 내려 씁니다.
남은 수 1이 나누는 수보다 작으므로 1은 나머지입니다.
그러므로 97÷3=32 ··· 1입니다.

개념 다지기 ·········· 126쪽

①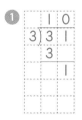
```
      1 0
  3)3 1
    3
      1
```

②
```
      2 4
  2)4 9
    4
      9
      8
      1
```

③
```
        6
  4)2 5
    2 4
      1
```

④
```
        8
  7)5 9
    5 6
      3
```

⑤
```
        8
  9)7 3
    7 2
      1
```

⑥
```
      1 0
  8)8 5
    8
      5
```

개념 키우기 ·········· 127쪽

도전해 보세요 ·········· 127쪽

① 25   ② 18

187

① 조건을 하나씩 보면서 알맞은 수를 구하면 됩니다.
20보다 크고 30보다 작은 수는 21, 22, 23, 24, 25, 26, 27, 28, 29입니다.
위의 수에서 2로 나누면 1이 남는 수는 21, 23, 25, 27, 29입니다.
위의 수에서 3으로 나눈 나머지가 1인 수는 25입니다. 따라서 조건에 모두 알맞은 수는 25입니다.

② 조건을 하나씩 보면서 알맞은 수를 구하면 됩니다.
10보다 크고 20보다 작은 수는 11, 12, 13, 14, 15, 16, 17, 18, 19입니다.
위의 수에서 2로 나누어떨어지는 수는 12, 14, 16, 18입니다.
위의 수에서 5로 나눈 나머지가 3인 수는 18입니다. 따라서 조건에 모두 알맞은 수는 18입니다.

④
```
     3 8
  2)7 7
    6
    1 7
    1 6
        1
```

⑤
```
     1 6
  4)6 7
    4
    2 7
    2 4
        3
```

⑥
```
     1 3
  7)9 4
    7
    2 4
    2 1
        3
```

⑦
```
     1 3
  6)8 0
    6
    2 0
    1 8
        2
```

⑧
```
     1 2
  5)6 4
    5
    1 4
    1 0
        4
```

⑨
```
     1 3
  3)4 1
    3
    1 1
        9
        2
```

개념 다지기 ··· 130쪽

①
```
     1 5
  3)4 7
    3
    1 7
    1 5
        2
```

②
```
     4 2
  2)8 5
    8
      5
      4
      1
```

③
```
     1 3
  5)6 6
    5
    1 6
    1 5
        1
```

④
```
     1 2
  8)9 9
    8
    1 9
    1 6
        3
```

⑤
```
     1 0
  4)4 2
    4
      2
```

⑥
```
     1 3
  6)8 3
    6
    2 3
    1 8
        5
```

⑦
```
     1 2
  7)8 7
    7
    1 7
    1 4
        3
```

⑧
```
     1 4
  4)5 9
    4
    1 9
    1 6
        3
```

⑨
```
     1 5
  2)3 1
    2
    1 1
    1 0
        1
```

29 내림이 있고 나머지가 있는 (몇십몇)÷(몇)

기억해 볼까요? ··· 128쪽

① 몫: 23, 나머지: 1   ② 몫: 22, 나머지: 2
③ 몫: 9, 나머지: 2   ④ 몫: 10, 나머지: 3

개념 익히기 ··· 129쪽

①
```
     1 8
  3)5 6
    3
    2 6
    2 4
        2
```

②
```
     1 5
  5)7 9
    5
    2 9
    2 5
        4
```

③
```
     1 1
  8)9 1
    8
    1 1
        8
        3
```

```
      2 4
   3)7 3
     6
     1 3
     1 2
         1
```

나누어지는 수와 나누는 수를 씁니다.
먼저 나누어지는 수의 십의 자리의 수 7을 3
으로 나눈 몫 2(사실은 20)를 십의 자리에 쓰
고, 남은 수 10과 나누어지는 수의 일의 자리
의 수 3을 내려 씁니다.
이제 13을 3으로 나눈 몫 4를 몫의 일의 자리
에 쓰고 남은 수 13-12=1을 내려 씁니다.
남은 수 1이 나누는 수보다 작으므로 1은 나
머지입니다.
그러므로 73÷3=24 ··· 1입니다.

개념 키우기 ·· 131쪽

① 몫: 5, 나머지: 1   ② 몫: 17, 나머지: 2
③ 몫: 17, 나머지: 1   ④ 몫: 12, 나머지: 3

도전해 보세요 ·· 131쪽

① 16; 1
② 2, 3, 6

① 어떤 수를 □라고 하면 □×2=66이고,
□=66÷2, □=33입니다.
바르게 계산하면 33÷2=16 ··· 1이므로
몫은 16이고, 나머지는 1입니다.
② 67을 어떤 수로 나눈 나머지가 1이고, 어
떤 수는 한 자리 수이므로 2~9까지의 수
로 67을 나누어 나머지가 1인 수를 찾으
면 됩니다.
67÷2=33 ··· 1, 67÷3=22 ··· 1,
67÷4=16 ··· 3, 67÷5=13 ··· 2,
67÷6=11 ··· 1, 67÷7=9 ··· 4,
67÷8=8 ··· 3, 67÷9=7 ··· 4이므로
나머지가 1인 어떤 수를 찾으면 2, 3, 6
입니다.

30 나눗셈을 바르게 했는지 확인하기

기억해 볼까요? ·· 132쪽

① 몫: 23, 나머지: 2   ② 몫: 15, 나머지: 3
③ 몫: 13, 나머지: 2   ④ 몫: 17, 나머지: 1

개념 익히기 ·· 133쪽

① 3×21=63, 63+1=64; 맞게에 ○표
② 4×14=56, 56+3=59; 맞지 않게에 ○표
③ 6×12=72, 72+5=77; 맞지 않게에 ○표
④ 2×46=92, 92+1=93; 맞게에 ○표
⑤ 4×8=32, 32+0=32; 맞게에 ○표
⑥ 9×10=90, 90+7=97; 맞게에 ○표
⑦ 7×6=42, 42+5=47; 맞지 않게에 ○표
⑧ 5×13=65, 65+2=67; 맞지 않게에 ○표

개념 다지기 ··· 134쪽

❶ 맞게에 ○표

❷ 맞게에 ○표

❸ 맞지 않게에 ○표

❹ 맞지 않게에 ○표

❺ 맞게에 ○표

❻ 맞게에 ○표

❼ 맞지 않게에 ○표

❽ 맞지 않게에 ○표

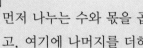
설명해 보세요

먼저 나누는 수와 몫을 곱하면 $4 \times 24 = 96$이고, 여기에 나머지를 더하면 $96 + 3 = 99$으로 나누어지는 수 97과 같지 않습니다. 따라서 이 나눗셈은 결과가 맞지 않습니다.

개념 키우기 ··· 135쪽

❶ 몫: 24, 나머지: 2;
$3 \times 24 = 72$, $72 + 2 = 74$

❷ 몫: 16, 나머지: 1;
$4 \times 16 = 64$, $64 + 1 = 65$

❸ 몫: 13, 나머지: 5;
$6 \times 13 = 78$, $78 + 5 = 83$

❹ 몫: 13, 나머지: 5;
$7 \times 13 = 91$, $91 + 5 = 96$

❺ 몫: 8, 나머지: 4;
$5 \times 8 = 40$, $40 + 4 = 44$

❻ 몫: 11, 나머지: 3;
$8 \times 11 = 88$, $88 + 3 = 91$

도전해 보세요 ··· 135쪽

❶ 85

❷ 11

❶ 하루에 16쪽씩 5일 동안 읽고 5쪽이 남았습니다. 16쪽씩 5일 동안 읽은 쪽수는 $16 \times 5 = 80$(쪽)이고, 5쪽이 남았으므로 읽은 책의 전체 쪽수는 $80 + 5 = 85$(쪽)입니다.

❷ 95쪽의 책을 매일 같은 쪽수씩 8일 동안 읽었으므로 $95 \div 8 = 11 \cdots 7$입니다. 8일 동안 매일 11쪽씩 읽고 7쪽이 남았습니다.

31 나머지가 없는 (세 자리 수)÷(한 자리 수)

기억해 볼까요? ··· 136쪽

❶ 몫: 15, 나머지: 2 ❷ 몫: 13, 나머지: 3

❸ 몫: 11, 나머지: 5 ❹ 몫: 19, 나머지: 1

개념 익히기 ··· 137쪽

❶
```
        1 2 5
    5 ) 6 2 5
        5
        1 2
        1 0
          2 5
          2 5
            0
```

❷
```
        1 4 1
    6 ) 8 4 6
        6
        2 4
        2 4
            6
            6
            0
```

❸
```
        1 3 3
    7 ) 9 3 1
        7
        2 3
        2 1
          2 1
          2 1
            0
```

❹
```
        1 0 9
    2 ) 2 1 8
        2
          1 8
          1 8
            0
```

❺
```
          6 4
    4 ) 2 5 6
        2 4
          1 6
          1 6
            0
```

❻
```
          4 8
    3 ) 1 4 4
        1 2
          2 4
          2 4
            0
```

❼
```
          9 2
    8 ) 7 3 6
        7 2
          1 6
          1 6
            0
```

❽
```
        1 4 0
    6 ) 8 4 0
        6
        2 4
        2 4
            0
```

❾
```
          5 0
    9 ) 4 5 0
        4 5
            0
```

① 188
3)564
  3
  26
  24
   24
   24
    0

② 159
2)318
  2
  11
  10
   18
   18
    0

③ 206
4)824
  8
   24
   24
    0

④ 129
5)645
  5
  14
  10
   45
   45
    0

⑤ 116
8)928
  8
  12
   8
   48
   48
    0

⑥ 79
7)553
  49
  63
  63
   0

⑦ 102
6)612
  6
   12
   12
    0

⑧ 210
2)420
  4
   2
   2
   0

⑨ 90
5)450
  45
   0

① 281 ② 189 ③ 123
④ 191 ⑤ 141 ⑥ 52
⑦ 70   ⑧ 77   ⑨ 128
⑩ 125 ⑪ 213 ⑫ 106

 도전해 보세요 139쪽

① 앞에서부터 256, 128, 64
② 앞에서부터 243, 81, 27

① 512÷2=256, 256÷2=128,
  128÷2=64
② 729÷3=243, 243÷3=81,
  81÷3=27

32 나머지가 있는 (세 자리 수)÷(한 자리 수)

① 157 ② 119
③ 152 ④ 127

설명해 보세요

  82
8)656
  64
   16
   16
    0

나누어지는 수와 나누는 수를 씁니다.
먼저 나누어지는 수의 백의 자리의 수 6보다
나누는 수 8이 더 크므로 몫의 백의 자리를
비웁니다.
그다음 나누어지는 수의 백의 자리의 수와 십
의 자리의 수 65를 8로 나눈 몫 8(사실은
80)을 십의 자리에 쓰고, 남은 수 10과 나누
어지는 수의 일의 자리의 수 6을 내려 씁니다.
이제 16을 8로 나눈 몫 2를 몫의 일의 자리
에 씁니다.
그러므로 656÷8=82입니다.

① 188
4)753
  4
  35
  32
   33
   32
    1

② 145
6)871
  6
  27
  24
   31
   30
    1

③ 111
8)895
  8
   9
   8
   15
    8
    7

④ 73
2)147
  14
   7
   6
   1

⑤ 50
7)351
  35
   1

⑥ 91
5)457
  45
   7
   5
   2

⑦
```
    8 8
3)2 6 6
  2 4
    2 6
    2 4
      2
```

⑧
```
    8 2
4)3 3 1
  3 2
    1 1
      8
      3
```

⑨
```
  1 0 4
5)5 2 4
  5
    2 4
    2 0
      4
```

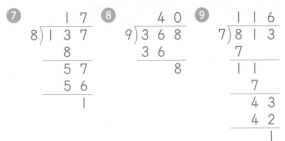

개념 다지기 ····································· 142쪽

①
```
  1 4 5
3)4 3 6
  3
  1 3
  1 2
    1 6
    1 5
      1
```

②
```
  1 3 2
6)7 9 4
  6
  1 9
  1 8
    1 4
    1 2
      2
```

③
```
  1 2 7
4)5 1 1
  4
  1 1
    8
    3 1
    2 8
      3
```

④
```
  1 0 9
2)2 1 9
  2
    1 9
    1 8
      1
```

⑤
```
  1 1 0
5)5 5 1
  5
    5
    5
    1
```

⑥
```
    9 0
7)6 3 5
  6 3
      5
```

⑦
```
    1 7
8)1 3 7
  8
  5 7
  5 6
    1
```

⑧
```
    4 0
9)3 6 8
  3 6
      8
```

⑨
```
  1 1 6
7)8 1 3
  7
  1 1
    7
    4 3
    4 2
      1
```

설명해 보세요

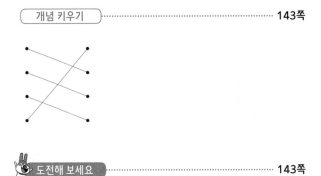
```
    5 0
9)4 5 6
  4 5
      6
```

나누어지는 수와 나누는 수를 씁니다.

먼저 나누어지는 수의 백의 자리의 수 4보다 나누는 수 9가 더 크므로 몫의 백의 자리를 비웁니다.

그다음 나누어지는 수의 백의 자리의 수와 십의 자리의 수 45를 9로 나눈 몫 5(사실은 50)를 십의 자리에 쓰고, 일의 자리의 수 6을 내려 씁니다.

남은 수 6보다 나누는 수 9가 더 크므로 몫의 일의 자리에 0을 쓰고 6은 나머지가 됩니다.

그러므로 456÷9=50 … 6입니다.

개념 키우기 ······································· 143쪽

도전해 보세요 ······································ 143쪽

① 18, 10   ② 56

1 롯데타워의 높이가 554 m이고 한 번에 32 m씩 올라가면 554÷32=17 … 10 이므로 17번 올라가면 10 m가 남습니다. 따라서 18번 만에 끝까지 올라갈 수 있고 맨 마지막에 올라간 높이는 10 m입니다.

2 한 번에 □ m씩 올라갔더니 10번 만에 끝까지 올라갔다면 554÷10=55 … 4이므로 한 번에 55 m씩 올라가면 4 m가 남게 되어 11번 만에 올라가게 됩니다.

따라서 한 번에 56 m씩 올라가면 10번 만에 올라가게 되는 가장 작은 두 자리 수가 됩니다.

33 (세 자리 수)÷(몇십)

기억해 볼까요? ·············· 144쪽

1 몫: 236, 나머지: 1 **2** 몫: 225, 나머지: 1
3 몫:100, 나머지: 5 **4** 몫: 84, 나머지: 3

개념 익히기 ·············· 145쪽

1
```
        6
3 0)1 8 2
    1 8 0
        2
```

2
```
        7
6 0)4 2 7
    4 2 0
        7
```

3
```
        5
5 0)2 5 5
    2 5 0
        5
```

4
```
        9
9 0)8 1 0
    8 1 0
        0
```

5
```
        5
4 0)2 0 6
    2 0 0
        6
```

6
```
        9
2 0)1 8 0
    1 8 0
        0
```

7
```
        3
7 0)2 5 3
    2 1 0
      4 3
```

8
```
        7
8 0)5 7 5
    5 6 0
      1 5
```

9
```
        7
5 0)3 9 2
    3 5 0
      4 2
```

10
```
        7
7 0)4 9 6
    4 9 0
        6
```

개념 다지기 ·············· 146쪽

1
```
        8
3 0)2 5 6
    2 4 0
      1 6
```

2
```
        7
6 0)4 5 3
    4 2 0
      3 3
```

3
```
        9
8 0)7 3 1
    7 2 0
      1 1
```

4
```
        8
7 0)5 6 0
    5 6 0
        0
```

5
```
        7
5 0)3 7 8
    3 5 0
      2 8
```

6
```
        3
4 0)1 3 7
    1 2 0
      1 7
```

7
```
        7
9 0)6 5 5
    6 3 0
      2 5
```

8
```
        9
2 0)1 9 8
    1 8 0
      1 8
```

9
```
        9
8 0)7 9 6
    7 2 0
      7 6
```

10
```
        8
6 0)5 1 2
    4 8 0
      3 2
```

설명해 보세요

```
        6
4 0)2 5 6
    2 4 0
      1 6
```

나누어지는 수와 나누는 수를 씁니다.
먼저 나누어지는 수의 백의 자리의 수와 십의 자리의 수 25보다 나누는 수 40이 더 크므로 몫의 백의 자리와 십의 자리를 비웁니다.
그다음 나누어지는 수 256을 40으로 나눈 몫 6을 일의 자리에 쓰고, 남은 수를 내려 씁니다.
남은 수 16이 나누는 수보다 작으므로 16이 나머지가 됩니다.
그러므로 256÷40=6 … 16입니다.

개념 키우기 ·········· 147쪽

① 몫: 7, 나머지: 6 ② 몫: 6, 나머지: 1
③ 몫: 7, 나머지: 18 ④ 몫: 9, 나머지: 28
⑤ 몫: 7, 나머지: 6 ⑥ 몫: 9, 나머지: 2
⑦ 몫: 6, 나머지: 3 ⑧ 몫: 6, 나머지: 29
⑨ 몫: 7, 나머지: 12 ⑩ 몫: 7, 나머지: 51
⑪ 몫: 6, 나머지: 59 ⑫ 몫: 6, 나머지: 73

도전해 보세요 ·········· 147쪽

① 421, 471 ② 115, 175

① 400보다 크고 500보다 작은 수는
401~499입니다.
401~499에서 50으로 나누면 나머지가
21인 수는 400이 50으로 나누어떨어지
므로 나머지가 21이 되려면 400에 21을
더한 400+21=421이고, 421에 50을
더하면 나머지가 21이 되므로
421+50=471입니다. 따라서 조건을
모두 만족하는 수는 421, 471입니다.

② 100보다 크고 200보다 작은 수는
101~199입니다.
101~199에서 20으로 나누면 나머지가
15인 수는 100이 20으로 나누어떨어지
므로 나머지가 15가 되려면 100에 15를
더한 100+15=115이고, 이후 20을 더
하면 135, 155, 175, 195입니다.
30으로 나누면 나머지가 25인 수는 90이
30으로 나누면 나누어떨어지므로 나머지
가 25가 되려면 90+25=115,
115+30=145, 145+30=175입니다.
따라서 조건을 모두 만족하는 수는 115,
175입니다.

34 몫이 한 자리 수인 몇십몇으로 나누기

기억해 볼까요? ·········· 148쪽

① 몫: 6, 나머지: 6 ② 몫: 5, 나머지: 45
③ 몫: 7, 나머지: 13 ④ 몫: 7, 나머지: 31

개념 익히기 ·········· 149쪽

①
```
      2
2 3)5 6
   4 6
   1 0
```
②
```
      5
6 2)3 5 6
   3 1 0
     4 6
```
③
```
     1
1 7)3 1
   1 7
   1 4
```
④
```
      6
4 4)2 6 7
   2 6 4
       3
```
⑤
```
      3
2 8)9 5
   8 4
   1 1
```
⑥
```
      6
7 1)4 5 9
   4 2 6
     3 3
```

⑦
```
      6
5 9)3 8 7
   3 5 4
     3 3
```
⑧
```
      7
3 6)2 5 2
   2 5 2
       0
```
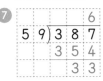
⑨
```
      6
8 3)5 1 6
   4 9 8
     1 8
```
⑩
```
      7
9 7)7 5 2
   6 7 9
     7 3
```

개념 다지기 ·········· 150쪽

①
```
      2
3 6)7 9
   7 2
    7
```
②
```
      6
5 6)3 5 1
   3 3 6
     1 5
```

③
```
     3
2 1)6 6
   6 3
    3
```
④
```
     2
4 2)8 4
   8 4
    0
```

⑤
$$17)\overline{9\ 2}$$ ... 몫 5
$$8\ 5$$
$$7$$

⑥
$$61)\overline{4\ 4\ 3}$$ ... 몫 7
$$4\ 2\ 7$$
$$1\ 6$$

⑦
$$94)\overline{6\ 1\ 2}$$ ... 몫 6
$$5\ 6\ 4$$
$$4\ 8$$

⑧
$$76)\overline{1\ 3\ 8}$$ ... 몫 1
$$7\ 6$$
$$6\ 2$$

⑨
$$87)\overline{7\ 2\ 3}$$ ... 몫 8
$$6\ 9\ 6$$
$$2\ 7$$

⑩
$$43)\overline{2\ 1\ 7}$$ ... 몫 5
$$2\ 1\ 5$$
$$2$$

설명해 보세요

나누어지는 수와 나누는 수를 씁니다.
먼저 나누어지는 수의 백의 자리의 수와 십의 자리의 수 35보다 나누는 수 58이 더 크므로 몫의 백의 자리와 십의 자리를 비웁니다.
그다음 나누어지는 수 357을 58로 나눈 몫 6을 일의 자리에 쓰고, 남은 수를 내려 씁니다.
남은 수 9가 나누는 수보다 작으므로 9는 나머지가 됩니다.
그러므로 357÷58=6 … 9입니다.

개념 키우기 ┄┄┄┄ 151쪽

❶ 몫: 8, 나머지: 8;
63×8=504, 504+8=512
❷ 몫: 7, 나머지: 19;
51×7=357, 357+19=376
❸ 몫: 5, 나머지: 9;
25×5=125, 125+9=134
❹ 몫: 6, 나머지: 13;
47×6=282, 282+13=295

도전해 보세요 ┄┄┄┄ 151쪽

❶ 7, 4   ❷ 4, 28

❶ 사과를 172개 수확해서 24개씩 상자에 나누어 담으면 172÷24=7 … 4이므로 사과는 모두 7상자가 되고, 4개가 남습니다.
❷ 사과를 172개 수확해서 36개씩 똑같이 나누어 주면 172÷36=4 … 28이므로 한 사람이 받는 사과는 4개이고, 남는 사과는 28개입니다.

㉟ 몫이 두 자리 수인 (세 자리 수)÷(두 자리 수)

기억해 볼까요? ┄┄┄┄ 152쪽

❶ 몫: 7, 나머지: 29   ❷ 몫: 5, 나머지: 11
❸ 몫: 6, 나머지: 67   ❹ 몫: 3, 나머지: 17

개념 익히기 ┄┄┄┄ 153쪽

❶
$$26)\overline{5\ 5\ 2}$$ ... 몫 21
$$5\ 2$$
$$3\ 2$$
$$2\ 6$$
$$6$$

❷
$$31)\overline{6\ 5\ 2}$$ ... 몫 21
$$6\ 2$$
$$3\ 2$$
$$3\ 1$$
$$1$$

❸
$$65)\overline{7\ 2\ 6}$$ ... 몫 11
$$6\ 5$$
$$7\ 6$$
$$6\ 5$$
$$1\ 1$$

❹
$$52)\overline{9\ 2\ 1}$$ ... 몫 17
$$5\ 2$$
$$4\ 0\ 1$$
$$3\ 6\ 4$$
$$3\ 7$$

❺
$$13)\overline{3\ 9\ 2}$$ ... 몫 30
$$3\ 9$$
$$2$$

❻
$$43)\overline{8\ 6\ 2}$$ ... 몫 20
$$8\ 6$$
$$2$$

❼

```
        1 0
7 7 ) 8 1 7
      7 7
      4 7
```

❽

```
        1 0
8 3 ) 9 1 2
      8 3
      8 2
```

개념 다지기 ·········· 154쪽

❶

```
          2 1
2 6 ) 5 6 7
      5 2
      4 7
      2 6
      2 1
```

❷

```
          2 2
3 4 ) 7 6 4
      6 8
      8 4
      6 8
      1 6
```

❸

```
          3 6
1 2 ) 4 3 4
      3 6
      7 4
      7 2
      2
```

❹

```
          1 3
4 5 ) 6 1 6
      4 5
      1 6 6
      1 3 5
      3 1
```

❺

```
          1 9
5 1 ) 9 7 2
      5 1
      4 6 2
      4 5 9
      3
```

❻

```
          1 2
6 9 ) 8 4 6
      6 9
      1 5 6
      1 3 8
      1 8
```

❼

```
          1 2
1 1 ) 1 4 1
      1 1
      3 1
      2 2
      9
```

❽

```
          1 6
2 4 ) 3 9 8
      2 4
      1 5 8
      1 4 4
      1 4
```

개념 다지기 ·········· 155쪽

❶ 몫: 19, 나머지: 2　❷ 몫: 21, 나머지: 34

❸ 몫: 15, 나머지: 4　❹ 몫: 17, 나머지: 30

❺ 몫: 14, 나머지: 23　❻ 몫: 10, 나머지: 3

❼ 몫: 12, 나머지: 20　❽ 몫: 19, 나머지: 13

❾ 몫: 14, 나머지: 27　❿ 몫: 21, 나머지: 15

⓫ 몫: 18, 나머지: 17　⓬ 몫: 17, 나머지: 21

개념 다지기 ·········· 156쪽

❶ 몫: 19, 나머지: 23;
　　$47 \times 19 = 893$, $893 + 23 = 916$

❷ 몫: 27, 나머지: 6;
　　$16 \times 27 = 432$, $432 + 6 = 438$

❸ 몫: 8, 나머지: 0; $64 \times 8 = 512$

❹ 몫: 24, 나머지: 8;
　　$35 \times 24 = 840$, $840 + 8 = 848$

❺ 몫: 14, 나머지: 21;
　　$55 \times 14 = 770$, $770 + 21 = 791$

❻ 몫: 24, 나머지: 19;
　　$27 \times 24 = 648$, $648 + 19 = 667$

설명해 보세요

```
          2 0
2 3 ) 4 7 6
      4 6
      1 6
```

나누어지는 수와 나누는 수를 씁니다.
먼저 나누어지는 수의 백의 자리의 수 4보다 나누는 수 23이 더 크므로 몫의 백의 자리를 비웁니다.
그다음 나누어지는 수의 백의 자리의 수와 십의 자리의 수 47을 23으로 나눈 몫 2(사실은 20)를 십의 자리에 쓰고, 남은 수 1과 일의 자리의 수 6을 내려 씁니다.
남은 수 16보다 나누는 수 23이 더 크므로 몫의 일의 자리에 0을 쓰고 16은 나머지가 됩니다.
그러므로 $476 \div 23 = 20 \cdots 16$입니다.

개념 키우기 ·········· 157쪽

❶ 몫: 12, 나머지: 0　❷ 몫: 15, 나머지: 39

❸ 몫: 13, 나머지: 40　❹ 몫: 16, 나머지: 40

❶ 28

❷ 위에서부터 2, 1, 2, 5, 1, 2

❶ 어떤 수를 □라고 하면

487÷□=17 … 11입니다.

나눗셈을 확인하는 식을 사용하여 □를 구하면

□×17=△, △+11=487

△=487-11=476이므로

□×17=476, □=476÷17, □=28

입니다.

따라서 어떤 수는 28입니다.

❷
```
            ❷ 1
   3 ❶ ) 6 7 ❸
         6 2
         ❹ 2
         3 ❺
         ❻ 1
```

3❶×❷=62이므로 3❶에서 ❶=1이고,

❷=2입니다.

67❸-620=❹2이므로 ❸=2이고,

❹=5입니다.

52-3❺=❻1이므로 ❺=1이고, ❻=2

입니다.

따라서 ❶=1, ❷=2, ❸=2, ❹=5,

❺=1, ❻=2입니다.

축하해요.
곱셈과 나눗셈을
마스터했어요.